CHRISTOPH GERHARD

Und sie bewegt sich doch!

CHRISTOPH GERHARD

Und sie bewegt sich doch!

ASTRONOMIE UND GLAUBE

Vier-Türme-Verlag

Bibliographische Information der Deutschen Nationalbibliothek

Die Deutsche Nationalbibliothek verzeichnet diese Publikation in der Deutschen Nationalbibliographie. Detaillierte bibliographische Daten sind im Internet über http://dnb.d-nb.de abrufbar.

1. Auflage 2017
© Vier-Türme GmbH, Verlag, Münsterschwarzach 2017
Alle Rechte vorbehalten

Lektorat: Marlene Fritsch
Gstaltung und Illustration: Thomas Uhlig, www.deruhlig.com
Druck und Bindung: Finidr s.r.o., Český Těšín
ISBN 978-3-7365-0052-5
www.vier-tuerme-verlag.de

Inhalt

Vorwort

Am Anfang war die Faszination

Meine erste Erinnerung an eine astronomische Beobachtung ist die des Kometen Kohoutek an der Jahreswende 1973/1974. Wie für viele andere war dies auch für mich als junger Mensch eine Enttäuschung, da man in der Dämmerung so gut wie nichts sah und der Komet nicht die Helligkeit hatte, die man in den Zeitungen vorhergesagt hatte. Seltsamerweise war dieses Erlebnis nicht das Ende, sondern den Anfang meiner Beschäftigung mit der Astronomie. Ich wollte wissen, was es mit den Sternen auf sich hat.

Einer meiner Onkel führte mich kurze Zeit später während einer nächtlichen Autofahrt über eine kaum befahrene Nebenstraße in den Sternenhimmel ein. Durch die kurvenreiche Strecke kamen immer neue, immer andere helle Sterne in unser Sichtfeld, und meine Neugierde hatte kein Ende. So gab mir mein Onkel, als wir wieder zu Hause waren, das »Kosmos Himmeljahr« vom Vorjahr, um die Sternbilder Monat für Monat zu lernen. Dabei erfuhr ich, wie sich ihre Position über die Zeit am Himmel verändert. Ein Blick durch ein kleines Teleskop feuerte meine Begeisterung für die Astronomie zusätzlich an, sodass ich mir vom ersten selbstverdienten Geld aus einem Ferienjob ein Teleskop kaufte. Nächtelang schaute ich in die Sterne, und je schwerer ein Objekt zu finden war, desto mehr interessierte es mich. Mich faszinierte immer wieder die Grenze des Sichtbaren und ich wollte diese Grenze immer weiter hinausschieben. Die Suche nach der Unendlichkeit des Weltraums hatte mich gepackt. Schnell war ich in den Weiten des Kosmos zu Hause, die mich niemals schreckten, sondern in ihrer Schönheit faszinierten.

Daneben versuchte ich nicht nur zu beobachten, sondern auch mit der mittlerweile erlernten Algebra und Geometrie die Vorgänge am Himmel zu berechnen. Mit den ersten selbstgeschriebenen Computerprogrammen zur Berechnung von Planeten, Kometen und Asteroiden verstand ich die Vorgänge am Sternhimmel. Etwas Neues trat für mich zur Schönheit des Sternenhimmels hinzu: das Staunen über seine Ordnung und die Verwunderung darüber, dass ich als kleiner Mensch sie zumindest ansatzhaft durchschauen und berechnen kann. Für mich war klar, dass die Entstehung unseres Kosmos bestimmt wurde von physikalischen Gesetzen, die ich als Mensch immer weiter entschlüsseln und verstehen lernen kann.

Gleichzeitig war ich in meinem Glauben beheimatet, den mir meine Eltern durch ihr Leben und ihr Vorbild mitgaben. Wir sprachen wenig über den Glauben, er wurde einfach gelebt. Später fand ich Gesprächspartner über das, was ich in der Bibel las und am Himmel beobachten konnte. Für mich gingen dort die Türen zu einem tieferen Verständnis der Schöpfungsgeschichten der Bibel auf: dass sie nämlich nicht wörtlich als naturwissenschaftliche Berichte zu lesen sind, sondern etwas von der Verfasstheit der Welt, von ihrem Urgrund – Gott – und dem Sein des Menschen erzählen wollen. Mich begeisterte sprichwörtlich eine Einführung des Heiligen Geistes als eine dynamische Kraft, die alles schöpferisch und kreativ ins Dasein gebracht hat und im Dasein erhält.

Ich bekam so auf einer anderen Ebene Antworten auf meine Fragen zum Sternenhimmel und zu unserem Menschsein, als ich das von der Naturwissenschaft her kannte. Nach und nach verbanden sich beide Ebenen bei aller Verschiedenheit und auch manchmal bleibender Differenz. Entscheidend waren dabei immer wieder Erfahrungen, die mir zeigten, dass die verschiedenen Realitäten unter dem Sternenhimmel eine Einheit bildeten. Ohne jeden Zweifel überbrückten sie für mich die sonst in unserem Alltag so fein getrennten Bereiche des Geistlichen und Weltlichen. Raum und Zeit spielten dabei nur eine untergeordnete Rolle. Deshalb befruchteten sich für mich die verschiedenen Zugangsweisen zur Wirklichkeit und gaben mir in der Zusammenschau ein besseres, tieferes Verständnis der Realität, als wenn ich mich nur auf die Naturwissenschaft oder nur auf den Glauben gestützt hätte. Vor allem mein Gottesbild änderte sich dadurch nachhaltig: Gott ist viel größer, allumfassender und dennoch im kleinsten Detail anwesend und eröffnet durch seine Kreativität seiner Schöpfung überall neue Möglichkeiten.

Nach meinem Klostereintritt dachte ich zunächst, dass Astronomie und Mönchsein kaum zusammenpassen. Mein Novizenmeister Pater Meinrad Dufner lehrte mich etwas anderes: Zum einen gibt es eine reiche klösterliche Tradition in Bezug auf die Astronomie – viele Klöster beherbergen eine (alte) Sternwarte. Zum anderen ging es ihm um die Spur meines inneren Weges, die in der Begeisterung für die Schönheit und die Ordnung des Kosmos immer wieder ihre Einheit fand.

Mein benediktinischer Weg, das Suchen nach Gott, findet in der Astronomie eine praktische Umsetzung in meinem Alltag. »Glaube und Naturwissenschaft« sind für mich eine Entsprechung zum benediktinischen Grundsatz »ora et labora« – »bete und arbeite« geworden. Als Drittes kommen das Studium und die Kontemplation hinzu. Benedikt würde sagen: Die Lesung, die Meditation darf im Alltag des Mönches nicht fehlen! So ist die Astronomie für mich ein Lesen im Buch der Natur, das die Schöpfung Gottes ist – manchmal spannungsreich und voller Fragen, manchmal voller Zustimmung und gelöst in der Offenheit auf das Geheimnis Gottes hin. Darüber hinaus ist der Sternenhimmel ein wirksames Gegenmittel, wenn der Alltag zu eng wird oder wenn ich meine eigene Person allzu wichtig nehme.

Die Schönheit der Sterne war es, die mich zur Fotografie des nächtlichen Himmels brachte. Waren es zunächst Aufnahmen mit Normalobjektiven auf Film, gab mir die digitale Aufnahmetechnik ungeahnte Möglichkeiten an die Hand. Aufnahmen in Tiefe und Schönheit, wie sie vor 30 Jahren nur großen Teleskopen und Sternwarten möglich waren, können nun durch mein Teleskop auf dem Gelände der Abtei Münsterschwarzach entstehen. Dabei sind der Computer und die astronomischen Kameras kein Hindernis, die meiner inneren Anteilnahme entgegenstehen. Sie sind selbstverständliche technische Werkzeuge für mich geworden, die mir sowohl bei einer naturwissenschaftlichen Auswertung meiner Bilder helfen und zugleich als Hilfsmittel bei der Kontemplation des Kosmos dienen. Das Ziel, die Genauigkeit und Empfindlichkeit meiner Aufnahmen immer weiter voranzutreiben, steht dem geistlichen Weg nicht entgegen, sondern hilft ihn zu vertiefen, da ich dadurch in das Wunder der Schöpfung immer weiter eingeführt werde. Andererseits lehrt mich meine geistliche Erfahrung, auf welchem tiefen Urgrund des Seins jegliche Wissenschaft aufbaut und in ihm seine Vollendung findet.

Pater Christoph Gerhard
Münsterschwarzach, an Weihnachten 2016

Einleitung

Mit zwei Augen sieht man besser

Der Blick in die Sterne gehört zum Menschen und seiner Kulturgeschichte. Immer dort, wo Hochkulturen entstehen, zeigt sich in den Aufzeichnungen auch, dass die Beobachtung der Sterne mit zum Wesentlichen dieser Kulturen zählen. Ein Grund dafür ist wohl die Festlegung und Einteilung der Zeit in Tag, Monat und Jahr. Dies wurde mithilfe der Sonne, des Mondes und der Sterne möglich. Die Astronomie gehört daher zu den frühen Wissenschaften des Menschen und ist Jahrtausende alt.

Bald war es aber nicht nur die Zeit, die mittels der Himmelsbeobachtung bestimmt werden konnte. Die Sterne halfen dem Menschen zudem, sich auf der Erde zu orientieren. Da lag es nahe, mit der äußeren Ortsbestimmung eine innere vorzunehmen, also die Frage nach dem Wann, dem Woher und dem Wohin auch in Bezug auf den spirituellen Horizont des Menschen zu stellen.

Der Glaube an das Göttliche erwachte schon früh im Menschen. Darauf lassen die geschichtlichen Funde und die Forschungsergebnisse der Archäologie schließen. Die Menschwerdung und die Religion gehören zusammen:

Dort, wo der Mensch im modernen Sinn festgestellt werden kann, ist er ein gläubiger Mensch.

So ist es nicht verwunderlich, dass Glaube und Astronomie schon sehr früh zueinander fanden und sich über eine lange Zeit fest miteinander verbunden haben. Zwar trennten sich die Pfade der naturwissenschaftlichen Astronomie und des Glaubens vor einigen Jahrhunderten, aber auch der streng naturwissenschaftlich arbeitende Astronom muss sich nach getaner Arbeit fragen, was seine Ergebnisse für ihn als Mensch bedeuten.

Immer wieder kann man lesen, dass die Naturwissenschaft, speziell die Astronomie mit ihrer Kosmologie, den Glauben widerlegt. Auch umgekehrt werden angeblich oder auch tatsächlich Ergebnisse der Astronomen von Theologen abgelehnt, weil sie mit heiligen Schriften, etwa der Bibel, nicht übereinstimmten. Auf der anderen Seite werden naturwissenschaftliche Ergebnisse dazu herangezogen, heilige Schriften oder den Glauben in der einen oder anderen Gestalt zu »beweisen«. Naturwissenschaft taugt aber nicht dazu, den Glauben an Gott zu beweisen oder zu widerlegen. Ihre Methode und ihr Bereich sind das rein Immanente.

Die verschiedenen Zugänge zu der einen Wirklichkeit, die uns umgibt – von der Naturwissenschaft oder vom Glauben her –, werden oft nur einseitig genutzt und manchmal sogar gegeneinander ausgespielt. Damit wird die Sicht auf die Realität eindimensional und daher notwendigerweise unvollständig. In ein einfaches Bild übersetzt: Räumliches Sehen gelingt uns Menschen nur mit beiden Augen. Wir verhindern die vollständige Wahrnehmung der Realität, wenn wir sie nur durch das Monokel eines der beiden Bereiche erkennen wollen.

Im vorliegenden Buch werde ich beide Weisen unserer Wahrnehmung der Wirklichkeit, die naturwissenschaftliche und die religiöse, in den Blick nehmen. Auf diese Weise kann ein tieferes Verständnis für die Realität gewonnen werden. Verblüfft können wir vielleicht dabei feststellen, dass sowohl der Naturwissenschaftler als auch der Glaubende davon profitieren, weil wir auf diese Weise den Ort und die Bestimmung des Menschen im Kosmos besser erkennen können. Immer dort, wo wir Menschen nicht die ganze Realität wahrnehmen können oder wollen, verliert sie die Tiefendimension für uns. Die Sichtweise verengt sich und muss anderes ausschließen. Endpunkt ist oft der Fundamentalismus, der das andere schon gar nicht mehr gelten lassen kann und es daher beseitigen muss.

Leider zeigt sich dies auch im Bereich der Naturwissenschaft und des Glaubens. Gerade deshalb ist es wichtig, dass wir den Mut haben, uns der ganzen Wahrheit unserer Welt zu stellen. Es wird uns bereichern mit der Tiefe, Weite und Farbigkeit des Lebens.

1

Die Anfänge der Astronomie

Als die Menschen begannen, bewusst in die Sterne zu blicken und sich darüber Gedanken machten, was sich Nacht für Nacht über ihren Köpfen am Himmel abspielte, war die Verbindung zum Göttlichen immer mit diesem Aufschauen verknüpft. Der Bereich des Himmels wurde mit dem Sitz der Götter in Verbindung gebracht. Die Menschen lebten auf der Erde und erfuhren die zahlreichen Kräfte, die hier wirkten. Nichts geschah ohne Ursache. Und vor allem: Das Lebendige auf der Erde bewegte sich. Das galt auch für viele Naturerscheinungen, die der Erkenntnis, dem direkten Kontakt des Menschen entzogen waren: der Regen, die Wolken, Wind und Sonne, der Mond und die Sterne mit den Planeten. Es lag also nahe, den gestirnten Himmel mit dem Numinosen, dem Göttlichen, mit dem, was für den Menschen nicht unmittelbar erfahrbar ist, zusammenzubringen.

Bis heute spielt die Frage nach dem Woher unseres menschlichen Seins in die Naturwissenschaft der Astronomie hinein und gibt ihr eine religiöse Bedeutung, gerade auch dann, wenn man sich auf vermeintlich reine naturwissenschaftliche Ergebnisse stützt, wie ich im Folgenden gerne zeigen möchte.

Die ersten Sterngucker

Beeindruckende archäologische Funde aus der Steinzeit zeigen, dass sich der Mensch mit großen Schritten weiterentwickelte. Die ältesten Ausgrabungen, die von einer wie auch immer gearteten Form von Bestattungen zeugen, werden auf älter als 100 000 Jahre geschätzt. Sie zeigen eine erste metaphysische Beziehung des Menschen und weisen auf eine heute nicht mehr feststellbare Art von Religiosität hin. Zum Teil wurden diese Gräber in Ost-West-Ausrichtung angelegt. Dies geschah sicher nicht zufällig und es zeigt, dass die Menschen damals in der Lage waren, die Himmelsrichtungen genau zu bestimmen und sie dann auch kulturell-religiös zu deuten.

Die wunderbaren Höhlenmalereien von Lascaux in Frankreich oder Altamira in Spanien, die vor etwa 15 000 Jahren entstanden, geben ein geniales Zeugnis aus der Jungsteinzeit. Immer wieder versucht man, schon in den steinzeitlichen Zeichnungen und Malereien astronomische Darstellungen zu entdecken. In Ermangelung gesicherter Hintergründe ist dies allerdings sehr schwierig und unsicher. Die wahrscheinlichste Deutung dieser Zeichnungen ist die, die wir auch heute noch erkennen können: Jagdszenen und Abbildungen von Tieren, die für die damaligen Menschen wichtig waren.

Deutlich feststellbar sind allerdings die ersten astronomischen Zeugnisse in der Jungsteinzeit. Die Kreisgrabanlage in Goseck in Sachsen-Anhalt – ihr Alter wird auf fast 7000 Jahre geschätzt – ist eines der ältesten Zeugnisse eines solchen Baus. Vor einigen Jahren konnte ich in dem heutigen Nachbau der historischen Anlage stehen. Sie beeindruckt noch heute, denn sie besteht aus zwei annähernd konzentrischen Ringen aus Holzpfählen und hat einen Durchmesser von über 50 Metern. Die Ringanlage befand sich in einem Graben, der von einem Erdwall umgeben war. Stellt man sich in die Mitte der kreisförmigen Anlage, so kann man durch entsprechend geöffnete Visierlinien des sonst geschlossenen Ringes aus Holzpfählen die Sonnenwenden im Winter und im Sommer am Horizont beobachten. Hinzu kommen noch einige weitere Visierlinien für wichtige Daten im Lauf des Jahres, wie beispielsweise den meteorologischen Frühlings- und Sommeranfang. Ohne Weiteres war es möglich, in der Anlage den Aufgang und Untergang von Fixsternen in der Nacht zu verfolgen. So konnten weitere wichtige Daten im Lauf eines Jahres bestimmt werden.

Im Kreis selbst finden sich keine Spuren einer Bebauung. Er blieb also leer. Da man innerhalb der Anlage und in ihrer direkten Umgebung Knochen gefunden hat, liegt eine kultische und religiöse Nutzung der Anlage nahe. Ungefähr einen Kilometer entfernt fand man die Reste einer jungsteinzeitlichen Siedlung, was dafür spricht, dass das Observatorium als ein abgesonderter Bezirk betrachtet wurde, wie wir das von Tempelanlagen kennen.

Allerdings ist die Beobachtungsanlage in Goseck sicher nicht das älteste Sonnenobservatorium der Welt, als das es manchmal bezeichnet wird. Die langfristige

Beobachtung des Laufes der Sonne, des Mondes und der Sterne setzen den Bau der Anlage ja gerade voraus. Die Menschen konnten sicher schon wesentlich früher den Lauf des Jahres im Zusammenhang mit Sonne, Mond und den Sternen bestimmen, denn dafür sind die Jahreszeiten zu deutlich mit dem Lauf der Sonne am Himmel verbunden, zu naheliegend war es, sie damit in Beziehung zu setzen.

Auffällig ist, dass beinahe überall in der Welt nahezu gleichzeitig solche Kreisanlagen in der Jungsteinzeit entstanden. Es hat den Anschein, dass die Menschen der damaligen Zeit mit ganz ähnlichen Fragestellungen beschäftigt waren. So entstand zur gleichen Zeit ebenfalls eine Kreisanlage aus Steinen im Nabta-Playa in Ägypten. Auch hier vermutet die Forschung ein Observatorium, das mithilfe der großen Steine die Bestimmung der Sonnenwenden zum Zweck hatte. Wahrscheinlich ist der Bau ein Zeugnis der ersten Hochkultur am Lauf des Nils, selbst wenn die Anlage in der Wüste lag, vermutlich aber zur Zeit des Baus aufgrund von Klimaverschiebungen wenigstens saisonal mit Wasser versorgt war. Ebenso finden sich in Amerika Kreisanlagen, die astronomischen Zwecken dienten. Allerdings sind diese jüngeren Datums. Auch sie dienten mit großer Wahrscheinlichkeit der Beobachtung der Sterne und Planeten.

Die großen Kreisanlagen der Steinzeit weisen über ihre astronomische Funktion hinaus auch auf einen anderen Zug des Menschen: die Erstellung großer repräsentativer Bauten. Sie sollen Zeugnis geben von der Macht und dem Können ihrer Erbauer. Somit war ihr Zweck vielleicht nicht immer ein rein astronomischer und religiöser, sondern hatte darüber hinaus auch soziale und kulturelle Bedeutung. Damit rückt jedoch die Astronomie mit ins Zentrum der Lebensvollzüge des Menschen und ist nicht nur eine Randerscheinung der kulturellen Entwicklung. Astronomen waren in diesen Gesellschaften gefragte Menschen und hatten eine wichtige Bedeutung für die konkrete Ausgestaltung von Kultur, Religion und die alltäglichen Lebensvollzüge des Menschen im Jahreslauf.

Um einiges jünger als die Anlage in Goseck ist die Himmelsscheibe von Nebra, die in der Nachbarschaft von Goseck gefunden wurde. Zwischen den beiden herausragenden astronomischen Zeugnissen lässt sich allerdings kein direkter Zusammenhang herstellen. Zu weit liegen sie zeitlich auseinander: Das Alter der Himmelsscheibe wird auf etwa 4 100 Jahre geschätzt.

Auf einer über zwei Kilogramm schweren Bronzescheibe, die einen Durchmesser von über 30 Zentimetern hat, wurde mit Goldblech eine kosmische Symbolik aufgetragen. Sie ist damit einer der ältesten Darstellungen des Sternenhimmels. Erkennbar sind hier Sonne, Mond und die Plejaden, das Siebengestirn im Sternbild Stier. Die übrigen abgebildeten Sterne können nicht sicher zugeordnet werden und sind eher zufällig angeordnet. Darüber hinaus finden sich darauf eine sogenannte Sonnenbarke und Horizontbögen, die Visierhilfen gewesen sein könnten. Die Sonnenscheibe diente aber im Lauf ihres Gebrauches offensichtlich verschiedenen Zwecken.

Über die Jahrhunderte hinweg wurde die Scheibe drei Mal überarbeitet und mit neuen Symbolen ergänzt.

Die sicherste Deutung der Scheibe nach ihrer Herstellung ist die eines astronomischen Kalenders. Mit der Darstellung der Mondsichel und der Plejaden soll eine Synchronisierung von Mond- und Sonnenjahr mit Schaltjahren möglich gewesen sein. Die später angebrachten Horizontbögen überstreichen einen Winkel von 82 Grad und zeigen damit den Winkel zwischen den Sonnenwenden im Winter und Sommer in Mitteldeutschland an. Damit sollte es möglich gewesen sein, Schaltjahre und wichtige Daten im Lauf des Jahres wie den Frühlingsbeginn zu bestimmen. Die Himmelsscheibe mit ihren Bögen funktioniert nur auf einer geografischen Breite von 52 Grad zuverlässig. Angepeilt wurde das obere Ende der Sonne. Sie ist am einfachsten zu beobachten bei ihrem Auf- beziehungsweise Untergang über dem Horizont.

Auf der Scheibe ist auch ein Schiff dargestellt. Es wurde als zweite Ergänzung dort angebracht. Meist geht die Interpretation in Richtung einer Sonnenbarke, wie sie auch auf ägyptischen Darstellungen jener Zeit gefunden wurden. Die altägyptische Vorstellung war, dass die Sonne nach ihrem Untergang am Abend in der Nacht auf einem Schiff in Richtung Osten zu ihrem Aufgang gefahren wurde, um dort wieder am Morgen zu erscheinen. Damit zeigt sich ein kultischer und religiöser Bezug direkt auf der Himmelsscheibe selbst.

Im Lauf der Zeit wurde die Scheibe am Rand mit Löchern versehen. Sogar die Horizontbögen wurden durchlöchert. Damit konnte sie öffentlich zur Schau gestellt werden, indem man sie, an Stricke gebunden, in einem Rahmen in die Horizontale hob. Sie verlor aber gleichzeitig ihre praktische astronomische Verwendung und diente eher repräsentativen Zwecken, weil nur die wenigsten Menschen in der damaligen Zeit mit dem nötigen Wissen in Bezug auf die Vorgänge am Himmel vertraut waren.

Leider sind alle diese Deutungen mit einer gewissen Vorsicht zur Kenntnis zu nehmen. Es gibt zur Himmelsscheibe von Nebra keine schriftlichen Überlieferungen und damit auch keine »Gebrauchsanweisung« oder Deutung aus der Zeit ihrer Entstehung und Nutzung.

Durch eine Analyse der verwendeten Materialien konnte zumindest die Geschichte der Himmelsscheibe nachvollzogen werden: Sie war wohl fünf Jahrhunderte im Gebrauch, in denen sie immer wieder überarbeitet wurde. Schließlich wurde sie bewusst mit anderen Beigaben wie Bronzeschwerter und zwei Äxte auf einem Berg in der Nähe von Nebra vergraben. Bestattet wurden in der damaligen Zeit auf besondere Weise nur Fürsten und andere eher »prominente« Menschen. Wenn nun eine Sache mit besonderen Beigaben versehen begraben wurde, so gibt dies ein beredtes Zeugnis über ihre herausragende, religiöse Bedeutung. Und gerade hier zeigt sich, dass Astronomie und Religion von ihrer Entwicklung her schon früh einen gemeinsamen Weg gingen.

Die Symbolik auf der Himmelsscheibe zeugt zudem von der Mobilität und dem Austausch unter den Kulturen in der damaligen Zeit: Das Gold darauf stammt aus verschiedenen Regionen Europas. Das Symbol der Sonnenbarke weist auf Beziehungen in den vorderen Orient bis nach Ägypten hin. Wenn auch die Reisen in der Jungsteinzeit lange und beschwerlich waren, konnten die Menschen schon damals nichts davon abhalten, in die für sie entferntesten Winkel der Welt zu gelangen.

Sterne als Wegweiser im alten Ägypten

Exemplarisch zeigt sich die Verwobenheit von Sternenkunde und religiöser Praxis im alten Ägypten. Dies gilt aber auch für alle anderen Hochkulturen der Erde wie zum Beispiel die der in Mesopotamien. Ob in Asien, Amerika oder im Vorderen Orient: Die Astronomie hatte neben der Bestimmung des Kalenders immer auch religiöse Bezüge und Bedeutungen. Ein Austausch unter den großen Hochkulturen fand mit großer Wahrscheinlichkeit auf den jeweiligen Kontinenten statt. Allerdings halte ich eine Verbindung der alten Kulturen über den Atlantik hinweg für sehr spekulativ.

In Ägypten selbst werden die ersten nachweisbaren Bezüge zwischen Astronomie und den Glaubensvorstellungen im 4. Jahrtausend vor Christus greifbar. Die geometrische Ausrichtung von Pyramiden, Grabmälern und anderen Gebäuden wurde durch das Anvisieren von Sternen bestimmt und festgelegt. Dies war einerseits eine ganz praktische Angelegenheit, die mithilfe der Beobachtung der Sterne bewältigt wurde, und hatte andererseits seine Wurzeln in den religiösen Überzeugungen. Eine Darstellung des Zusammenhanges von Religion und Astronomie im alten Ägypten ist hier nur andeutungsweise möglich. Es sollen nur einige wichtige Hinweise gegeben werden.

Schon im Alten Reich (3. Jahrtausend v. Chr.) verbindet man religiöses Verständnis mit der Astronomie: Zu dieser Zeit gab es für die Ägypter eine besondere Art von Sternen: »Die, die nicht den Untergang kennen«. Heute tragen sie die Bezeichnung zirkumpolar, weil sie bei ihrer scheinbaren Drehung um den Himmelspol immer über dem Horizont bleiben. Die zirkumpolaren Sterne waren für die Ägypter ein Symbol für die Unsterblichkeit, denn sie tauchten niemals unter die Erde, hinter den Horizont, und wurden damit nie unsichtbar. Immer waren sie am Himmel zu beobachten, selbst am Tag, wenn sie auch von der Sonne überstrahlt wurden. Deshalb wurden diesen Sternen Götter zugeordnet.

Damals existierte innerhalb der zirkumpolaren Sterne ein wichtiges Sternbild, das *Meschetiu* oder *Mesechtiu* genannt wurde, was so viel heißt wie »Stierschenkel«, denn es hatte die Form des hinteren Schenkels eines Stieres. Die älteste Darstellung dieses Sternbildes ist etwa 4 000 Jahre alt. Uns fällt es heute nicht schwer, in der Abbildung des ägyptischen Sternbildes *Meschetiu* das moderne Sternbild des Großen Wagens beziehungsweise des Großen Bären wiederzuerkennen.

Das Sternbild *Meschetiu* hatte sicher eine besondere Bedeutung, weil es immer wieder in Inschriften und auf Zeichnungen im alten Ägypten zu finden ist. Mit ihm sind die ältesten Werke religiöser Literatur verbunden. In der Pyramide des Pharao Unas ist eine Inschrift zu sehen, die lautet: »Der Himmel ist klar, Sothis lebt, weil Unas der Lebende ist, der Sohn von Sothis, denn die beiden Neunheiten haben sich gereinigt für Meschetiu, der den Untergang nicht kennt.«[1] Sothis ist die Schutzgöttin der verstorbenen Pharaonen, die ihnen beim Himmelsaufstieg helfen sollte. Sothis ist aber auch der Name des hellsten Sterns am Himmel. Wir nennen ihn heute Sirius. Er spielte eine wichtige Rolle in der Bestimmung der Jahresläufe und vor allem bei der Vorhersage der jährlichen Überschwemmung des Nils: Sie ereignete sich nach dem Erscheinen von Sirius am Morgenhimmel. Die »beiden Neunheiten« sind Gruppierungen aus jeweils neun Gottheiten des altägyptischen Pantheons. Jede Stadt, jede Dynastie hatte dazu ihre eigene, wechselnde Zusammenstellung von Göttinnen und Göttern.

In der Pyramide von Pepis I. lautet eine Inschrift: »Mögest du zu jenen nördlichen Göttern gehören, die den Untergang nicht kennen.«[2] Sie ist so etwas wie ein Segensspruch für den Verstorbenen. Im Hintergrund steht dabei wieder, dass die zirkumpolaren Sterne im Norden, die während des Tages beziehungsweise der Nacht niemals unter den Horizont sinken, mit den dazugehörigen Göttern in Verbindung gebracht wurden. Der Sinn dieser Inschrift ist, dass man dem Verstorbenen die Teilhabe an der Unsterblichkeit der Götter wünscht. In dieser Formulierung wird also deutlich, dass Sterne als Manifestationen der Götter am Himmel angesehen wurden. Die Verstorbenen sollten zu den Göttern aufsteigen, die leben, und so nach dem Tod mit diesen Göttern weiterleben. Das ist auch der Hintergrund der Mumifizierung Verstorbener, die in Ägypten bis zur Perfektion entwickelt wurde, um sie auf das Leben nach dem Tod vorzubereiten: Der verstorbene Pharao erhielt nach seinem Tod einen Platz im ewigen Leben bei den Sternen des Nordens, die nicht unter den Horizont sinken.

Die Religion der Ägypter war von vielen und auch immer wieder, je nach Zeit und Region, wechselnden Gottheiten bestimmt. Deren Einfluss auf die Erde und Menschen vermittelte sich durch Dämonen und Götterboten. Sonne, Mond und Sterne waren jeweils stellvertretende Manifestationen der Götter und zeigten deren Einfluss auf die Welt der Menschen an. Die Planeten spielten in Ägypten dagegen eine untergeordnete Rolle.

Weil sich die Götter untereinander bekämpften, standen auch ihre Stellvertreter in einem Kampf miteinander. So musste der schon oben erwähnte *Meschitiu*, der von einem Stier symbolisiert wurde, von der Göttin Isis bewacht werden, damit er keinen Schaden anrichten konnte. Hinzu kam, dass jede Gottheit ihre eigenen Götterboten hatte. Dazu gehörte jeweils ein sogenannter Dekan-Stern. Dekan-Sterne hatten Macht über Lebende und Tote. Deshalb wurden Sternuhren in die Sarkophage beziehungsweise in die Grabkammern gezeichnet, damit die Verstorbenen sich auf ihrer Reise nach dem Tod am Himmel orientieren und dort ihren Weg zu den Göttern finden konnten. Dazu brauchte es Priester-Astronomen, die sich sowohl in der religiösen Vorstellungswelt als auch in der praktischen Astronomie auskannten und beides in die richtige Verbindung miteinander bringen konnten.

Ihre Aufgabe war aber nicht nur, den Sternenhimmel zu beobachten und zwischen Göttern und Menschen zu vermitteln. Ihnen oblag auch die Aufstellung des Kalenders und die Vorhersage wichtiger Ereignisse, zum Beispiel, die Überflutung des Nils zu berechnen und den Termin zu veröffentlichen. Die jährliche Flut des Nils war für die ägyptische Landwirtschaft das zentrale Ereignis. Denn nur durch die Überflutung gab es genug Wasser für das Wachsen der Saat. Wenn die Flut ausblieb oder zu einem falschen Zeitpunkt kam, war das Überleben gefährdet.

Für die Berechnung der wichtigen Jahresdaten waren Beobachtungen des Sternenhimmels unerlässlich. Dabei müssen astronomische Geräte wie Visiereinrichtungen zum Einsatz gekommen sein. Sie sind zum einen auf Abbildungen in den Pyramiden und anderen archäologischen Zeugnissen zu erahnen, zum anderen zeigt sich eine erstaunliche Exaktheit von Zeit- und Positionsbestimmungen in den damaligen Beobachtungen, die anders nicht zu erklären wären. Ohne die Berücksichtigung der sogenannten astronomischen Präzession sind die historischen Beobachtungen im alten Ägypten nicht verständlich und führen zu falschen Interpretationen. Darunter versteht man das scheinbare Wandern des Himmelspoles – das beobachtbare Zentrum des Sternhimmels, um das er sich im Lauf einer Nacht dreht – durch die Veränderung der Neigung der Drehachse unserer Erde. Diese langfristige Bewegung über 25 800 Jahre wurde schon im Altertum erkannt und von Hipparchos beschrieben. Heute steht der Stern Polaris, der Hauptstern im Sternbild des Kleinen Bären, im Zentrum des Sternenhimmels auf der Nordhälfte der Erde. Er weist uns die Richtung, wenn wir nach Norden fragen. In der Zeit des alten Ägyptens dagegen stand das heutige Sternbild des Drachens am Himmelspol. Daher war ein eher unscheinbarer Stern dieses Sternbildes vor etwa 5 000 Jahren der »Polarstern«, allerdings wohl zu unscheinbar für einen zuverlässigen Gebrauch in der Astronomie. Deshalb nutzten die Ägypter verschiedene Sterne der heutigen Sternbilder des Großen und des Kleinen Bären, um die Nordrichtung sicher bestimmen zu können. Dabei mussten zu einer gegebenen Zeit bestimmte Sterne in einer Reihe übereinanderstehen. Die »Fehlausrichtung« um Bruchteile eines Grades bei Pyramiden, Tempel und Gebäuden über die Jahrhunderte hinweg wird durch diese Präzession verständlich: Die Art und Weise, die Nordrichtung über die Sterne zu bestimmen, blieb über lange Zeit gleich, der gesamte Sternenhimmel und damit die Orientierungspunkte hatten sich jedoch ganz leicht verschoben.

Eine weitere wichtige Aufgabe der Priester-Astronomen war die Erstellung des Kalenders. Er bestand damals aus

360 Tagen und 5 Schalttagen. Einschneidendes und wichtigstes Ereignis im Jahr war die Nilüberschwemmung. Sie wurde mit dem Wiedererscheinen des hellsten Sterns Sothis (Sirius) am Morgenhimmel vor Sonnenaufgang in Verbindung gebracht. Über Jahrtausende hinweg gibt es Aufzeichnungen über diesen sogenannten heliakischen Aufgang des Sothis. So verlagerte sich dessen Aufgang in etwa vier Jahren um einen Tag nach vorne und es kam im Lauf der Zeit darauf an, das richtige Datum für die Nilüberschwemmung im Kalender zu bestimmen. Weil aber das ägyptische Jahr zu kurz war, musste der Jahresbeginn durch die verschiedenen Monate geschoben werden. Deshalb wurde zwei Mal im Jahr das Neujahrsfest gefeiert: am ersten Tag des ersten Monats und wenn Sothis das erste Mal wieder am Morgenhimmel beobachtbar war. In Abständen von ungefähr 1 450 Jahren fielen beide Neujahrsfeste auf den gleichen Tag. Dieser sogenannte Sothiszyklus war schon im alten Ägypten bekannt. Dennoch beließ man es bei beiden Neujahrsfesten, die nur sehr selten an einem Tag gefeiert werden konnten.

Neben dem Sonnenkalender für die Verwaltung des Landes, der wegen seiner Gleichmäßigkeit sehr praktisch war, wurde auch der Mondkalender verwendet. Nach ihm wurden die Festtage im Lauf des Jahres bestimmt. Er folgte einem 25-Jahre-Zyklus, damit er immer wieder mit dem Lauf der Sonne synchronisiert werden konnte. Auch heute noch haben wir in unserem Kalender ein ähnliches System einer Mischung des Mond- und Sonnenkalenders bei der Festlegung des Osterfestdatums, das jeweils an dem Sonntag gefeiert wird, der dem ersten Frühlingsvollmond folgt.

Eine Besonderheit des ägyptischen Mondmonates liegt in der Festlegung seines Anfangs. Er begann immer dann, wenn der abnehmende Mond nicht mehr zu sehen war. Dies steht im Gegensatz zu der sonst üblichen Praxis der Sichtung des Neumondes am Westhorizont. Vielleicht war es die einfachere Methode, denn man sah den Mond immer weiter am Morgenhimmel abnehmen, bis er dann endgültig verschwunden war. Damit war die Position des Mondes leichter zu bestimmen.

Für die Priester-Astronomen gab es also im alten Ägypten reichlich Arbeit: die Bestimmung der verschiedenen Kalender und ihre Feinabstimmung durch Beobachtungen am gestirnten Himmel. Dazu das Feiern der Feste, wie sie im Lauf des Jahres fielen, mit ihren Opfern und Riten. Auch die genaue Ausrichtung nach Norden von Bauten mit religiösem Hintergrund wie etwa Grabanlagen, Tempel oder Pyramiden gehörte zu ihren Arbeitsaufgaben sowie das Planen, Gestalten und Entwerfen von Zeichnungen mit religiösen und astronomischen Inhalten. Dazu kamen die Darstellungen von Kalendern in Grabmälern und Sternuhren in Sarkophagen. Astronomie, Kultur und Religion standen in einer großen inneren Verwobenheit und Beziehung zueinander.

2

Messen, Zählen, Rechnen: Astronomie wird Wissenschaft

In Ägypten war die Astronomie stark in Bildern verhaftet. Hintergrund dafür mag das Fehlen einer tieferen Mathematik sein, die genauere Berechnungen zulässt. Zum Zweiten waren die Vorstellungen in Bezug auf das Jenseits und die Bedeutung der Sterne für ein Leben nach dem Tod so mächtig, dass der Bezug zum Diesseitigen verblasste. In Mesopotamien dagegen lag das Gewicht stärker auf einer beobachtenden, berechnenden Wissenschaft und hatte eine deutende Komponente der Vorgänge am Himmel, die auf das Diesseits zielte. Beides entwickelte sich parallel im Zweistromland und am Nil. Während in Ägypten die Kultur in einem Volk über Jahrtausende stabil blieb, wechselten sich in Mesopotamien verschiedene Völker in ihrer Herrschaft über das Land ab. Zu Beginn waren es die Sumerer, denen die Babylonier folgten. Später waren es die Sumerer und Assyrer, die die Herrschaft innehatten. Unter den beiden Hochkulturen im Osten und Westen des Landes gab es regen Kontakt, nicht nur in Bezug auf den Handel. Man tauschte sich auch über die sich entwickelnde Astronomie aus. Bei allen Ähnlichkeiten blieben die Schwerpunkte allerdings über die Jahrtausende verschieden. Vor allem fanden die Planeten im Osten, also in Mesopotamien, mehr Beachtung als bei den Astronomen in Ägypten. Im Lauf der Zeit entwickelte sich eine komplexe Mathematik, um die Himmelserscheinungen zu berechnen und damit Vorhersagen machen zu können. Die treibende Kraft dahinter war unter anderem die Deutung der Himmelsereignisse.

Deutlich zeigt sich dies im Umgang mit den Beobachtungen und der Art der Aufzeichnungen. Die Astronomen im Zweistromland fertigten lange Listen in Keilschrift über die Vorgänge am Himmel an. Die ersten Keilschrifttafeln stammen aus dem 3. Jahrtausend und zeigen eine bemerkenswerte Genauigkeit. Die Sterne wurden in dieser Zeit in Sternbilder eingeteilt. Einige Namen aus dieser Zeit sind auch heute noch in prominenten Sternbildern in Gebrauch. Die Verbindung von Sternen und Göttern war eine gängige Praxis, dadurch wurde die Deutung der Phänomene am Himmel für die Geschehnisse auf der Erde und unter den Menschen wichtig. Vor allem der Sonne, dem Mond und den Planeten kam dabei eine entscheidende Rolle zu, denn sie bewegten sich am Himmel und mussten daher eine besondere Bedeutung haben. Deshalb wurden sie mit Gottheiten beziehungsweise mit ihren Repräsentanten am Himmel identifiziert. Die Deutung der Sterne und ihr Lauf am Himmel, die Astrologie, war somit geboren. Die Astrologie geht vor allem auf die Priester-

Astronomen in Mesopotamien zurück. Ihr Einfluss als Astrologen war im Altertum so stark, dass ihr Volksname »Chaldäer« als Synonym für den Begriff »Astrologe« verwandt wurde.

Durch die langen Beobachtungsreihen über Jahrtausende hinweg war es den Astronomen auch möglich, wiederkehrende astronomische Erscheinungen immer besser zu bestimmen und später Berechnungen davon abzuleiten. So war durch die eifrigen Beobachter die Länge des Mondumlaufes auf wenige Sekunden genau bestimmt worden. Es gilt als gesichert, dass ab dem 8. Jahrhundert vor Christus der 18-jährige Zyklus von Mondfinsternissen bekannt war. Die Umläufe von Mars und Venus wurden auf einige Minuten genau bestimmt. Die 360-Grad-Einteilung des Kreises und auch die Teilung unseres Zeitsystems in 12 beziehungsweise 60 Einheiten haben wir den Babyloniern zu verdanken.

Vermessen wurden von den Babyloniern, Assyrern und Sumerern die sogenannten heliakischen Aufgänge der Sterne. Der heliakische Aufgang ist dann zu beobachten, wenn ein Stern nach seiner Unsichtbarkeit am Taghimmel das erste Mal wieder am Morgenhimmel im Osten zu beobachten ist. Durch die Drehung der Erde um die Sonne im Lauf eines Jahres bewegt sich die Sonne scheinbar langsamer am Himmel als die Sterne. Pro Tag sind es vier Minuten, die die Sterne schneller sind als unser Tagesgestirn. Damit »überholen« sie die Sonne und sind am Morgenhimmel beziehungsweise vor der Morgendämmerung am Osthimmel wieder zu beobachten.

In langen Reihen sind diese Daten von 2 300 bis 300 v. Chr. zum Beispiel in Keilschrift nachzulesen.

Im Laufe der Zeit wurden die Beobachtungen am Himmel mit Ereignissen auf der Erde zu einer Astrologie verknüpft. So meinte man zum Beispiel, dass bei einer Mondfinsternis die Gefahr groß sei, dass der König starb. Damit waren Mondfinsternissen negativ belegt und man versuchte, ihren befürchteten schlechten Einfluss durch Opfer abzuwenden. Tausende von Tontafeln enthalten neben astronomischen Beschreibungen auch Vorhersagen, die aus diesen Beobachtungen scheinbar folgten und für die Menschen von Bedeutung waren. Die größte Anzahl von Vorhersagetexten wurde in Ninive in der Bibliothek des Königs Assurbanipal gefunden. Sie gehen meist nach einem einfachen Schema vor: Falls am Himmel diese oder jene Erscheinung eintritt, dann geschieht dieses oder jenes auf der Erde.

Von wesentlicher Bedeutung für uns heute war jedoch eine weitere Arbeit der Priester-Astronomen: die Entwicklung einer hervorragenden Algebra, um diese Erscheinungen vorausberechnen zu können. Geistes- und kulturwissenschaftlich betrachtet ist das ein sehr bedeutender Schritt in der Entwicklung der Menschheit: die Anwendung abstrakter Mathematik auf reelle, beobachtbare Erscheinungen am Himmel. Und noch ein wichtiger Grundzug moderner Naturwissenschaft wird in diesem Vorgehen deutlich: die Generalisierung. Aus der Beobachtung zahlreicher Ereignisse wird ein mathematischer und generell gültiger Formalismus abgeleitet, der für die Vergangenheit und die Zukunft stimmige Ergebnisse liefert. Nach heutigem Forschungsstand geschah dies ab dem 7. Jahrhundert vor Christus.

Die Griechen übernahmen beide Pfeiler der vorderasiatischen Sternkunde: die Aufzeichnung ihrer mittlerweile jahrtausendelangen Sternbeobachtungen, ihre Orte und Namen sowie die Vorausberechnung der verschiedensten astronomischen Ereignisse. Nur zum Teil übernahmen sie die religiöse Deutung der Sterne samt den dazugehörigen Göttern, denn die Griechen hatten ihr eigenes Pantheon mit ihrer eigenen Mythologie. Zum Teil gab es Ähnlichkeiten und so etwas wie Übersetzungen oder Übernahmen, zum Teil gab es allerdings auch gravierende Differenzen.

Aus Chaldäa, also Mesopotamien, sind uns die ersten Astronomen mit Namen bekannt. Ihre griechischen Nachfolger sind uns auch heute noch geläufig: Hipparch, Eratosthenes, Claudius Ptolemäus und viele andere. Neben den Sternbildern und Sternkatalogen, den sehr langen Beobachtungsreihen und Berechnungen half ihnen auch die Geometrie, die sie von den Ägyptern übernommen hatten und verbesserten. Die Algebra konnten sie in den schon vorhandenen Grundzügen aus Babylon übernehmen. Die Deutung astronomischer Ereignisse auf irdische Vorgänge hin und eine Anpassung und Verfeinerung der vorhandenen Astrologie geschah gleichzeitig. Damit gelangte mit dem astronomischen Wissen auch die Astrologie vom Osten in den Westen.

Durch das Übernehmen in einen anderen Kultur- und Religionskreis kam es zu einer ersten Trennung religiöser und astronomischer Zusammenhänge. Die Griechen hatten bereits ihre Götter, ihr Pantheon und ihre festen Vorstellungen vom Himmel und einem Leben nach dem Tod. Hinzu kam die Naturphilosophie der griechischen Philosophen, die die Wirklichkeit in einer Art und Weise interpretierte, dass für die alten mythologischen Erklärungen kein Platz mehr darin war.

Zum ersten Mal in der Geschichte wird hier ein rein wissenschaftliches Verständnis der Natur greifbar. Das heißt, es wird beobachtet, gemessen, gewogen und gerechnet. Eratosthenes berechnete schon im 3. Jahrhundert vor Christus durch die Beobachtung von Schattenlängen an verschiedenen Orten den Umfang der Erde in einer erstaunlichen Genauigkeit. Ein erster Versuch der Bestimmung der Mond- und Sonnendistanz schlug zwar nach heutigen Maßstäben fehl, aber die Methode dieser Bestimmung stand einer modernen wissenschaftlichen Vorgehensweise in nichts nach. Durch die Beobachtung von Merkur und Venus, die immer in der Nähe der Sonne stehen und sich nie sehr weit von ihr am Himmel entfernen, wurden alternative Vorstellungen zum bis dahin rein geozentrischen Modell (die Annahme, dass die Erde im Mittelpunkt des Universums steht) des Sonnensystems entwickelt. Das heliozentrische Modell (die Sonne steht im Mittelpunkt des Universums) konnte sich allerdings im Altertum mangels fehlender Beobachtung von Vorgängen, die es bewiesen hätten, nicht durchsetzen.

Darüber hinaus wurden die Instrumente verfeinert, um den Himmel zu beobachten. Neben Peileinrichtungen und Winkelmessgeräten war es vor allem die Armillarsphäre, die weitere Erkenntnisse brachte. Die Armillarsphäre ist eine Vorrichtung von ineinandergestellten Metallringen, die gegeneinander gedreht werden können. Damit wurden die gedachten Kugeln (Sphären), auf denen sich die Sterne und Planeten bewegen, nachgebildet. Es war ein Modell des Himmels und den sich dort bewegenden Körpern. Der Beobachter befand sich im Zentrum des Gerätes, wie er auch in der Mitte des geozentrischen Weltbildes war. Mit ihrer Hilfe konnten nicht nur die Winkel der Himmelskörper zueinander vermessen, sondern darüber hinaus auch der Ort bestimmt und die Zeit mithilfe der Sonne beziehungsweise Sterne gemessen werden.

Das wichtigste Werk der antiken Astronomie ist der sogenannte *Almagest* von Ptolemäus, den er im 2. Jahrhundert n. Chr. verfasste. Eigentlich heißt das Werk *Megále Sýntaxis* (Große Zusammenstellung), was es auch tatsächlich für die damalige Zeit war. In der arabischen Übersetzung wurde daraus *Al-magisti* und dann in der weiteren lateinischen Übertragung *Almagest*. Hierin beschreibt Ptolemäus neben dem Standardwissen seiner Zeit auch den Bau eines Astrolabs, wie die Armillarsphäre auch genannt wurde. Darüber hinaus führt das Buch eine Liste mit über 1 000 Sternen und 48 Sternbildern auf.[3] Sie bilden so etwas wie den Grundstock der 88 heute definierten Sternbilder am Himmel. Ptolemäus übernahm dabei aber nicht einfach unkritisch die alten Listen der Babylonier oder Ägypter, sondern glich sie mit seinen eigenen langjährigen Beobachtungen ab. So ist der Sternkatalog des Ptolemäus neben dem des Hipparch zu so etwas wie dem Urkatalog des Sternenhimmels geworden. Von dieser Zusammenstellung wurden Sternkarten und sogar Sterngloben gefertigt, die über die Jahrhunderte weitergegeben wurden.[4]

Ptolemäus schrieb seine Bücher unter dem Eindruck der Philosophie von Aristoteles und Platon. Für ihn gab es keinen Götterhimmel, der die Sterne beherrschte. An die Stelle der Götter trat für ihn der »unbewegte Beweger«, der den Kosmos in Bewegung hielt. In der Mitte befand sich seiner Ansicht nach die Erde, die umwölbt wurde von den verschiedenen Sphären des Himmels, die Sonne, Mond, die Planeten und die Sterne trugen. Das geozentrische Weltbild, das Ptolemäus hier zeichnete, sollte über Jahrhunderte hin gültig bleiben.

Gegenüber unserem heutigen Verständnis von astronomischen Erscheinungen gab es allerdings im Altertum eine Besonderheit, die auch Ptolemäus so deutete: Erscheinungen am Himmel wie Kometen, Sternschnuppen (Leuchtspuren von Meteoren oder Meteoriten) oder gar neue Sterne (*Novae*) fanden keinen Platz am höheren Sternenhimmel. Es waren schnell veränderliche Erscheinungen und mussten wegen ihrer Unvollkommenheit mit der Erde und ihrer Atmosphäre zusammenhängen. Ähnlich dem Wetter auf der Erde, das sich ständig änderte, mussten diese Phänomene in ihrer Kurzlebigkeit und Wandelbarkeit etwas mit der Erdatmosphäre zu tun haben und wurden daher der Meteorologie zugeordnet. Lange blieb der Streit unter den Gelehrten unentschieden, ob Kometen sich innerhalb der Erdatmosphäre bewegen oder ob sie viel weiter entfernte Körper des Sonnensystems sind. Johannes Kepler konnte aufgrund ihrer Bahn am Himmel nachweisen, dass sie zum Sonnensystem gehören müssen und deshalb keine »Ausdünstungen« der Erde sein konnten.

Eines blieb auch für Ptolemäus sicher: Die Sterndeutung erwies sich als ein einträgliches Geschäft. So folgten der *Megále Sýntaxis*, dem *Almagest*, vier weitere Bücher (*Tetrabiblios*), in denen er ausführlich auf die astrologische Deutung der verschiedenen Himmelserscheinungen und -beobachtungen einging. Die Astronomie wurde damit zur Wissenschaft, die von den Gesetzen (*Nomos*) der Sterne handelte. Die Astrologie war die Wissenschaft, die die Bedeutung der Sterne für die Menschen erforschte. Lange Zeit galten Astronomie und Astrologie als Naturwissenschaften, die sich mit der Beobachtung, Berechnung und Deutung von Naturphänomenen am Himmel beschäftigen, und waren eng miteinander verwoben. Auch das *Tetrabiblios* wurde zu einem Standardwerk bei der Weitergabe von astrologischem Wissen über die Zeiten und Erdteile hinweg.

In den folgenden Jahrhunderten und in den verschiedenen Kulturen der Welt wurde die Astronomie auf der ganzen Erde nicht wesentlich weiterentwickelt. Das lag am begrenzten, auf das bloße Auge angewiesenen Beobachten des gestirnten Himmels. Planeten konnten damit nicht mit ihren wechselnden Oberflächen und ihren Details aufgelöst werden. Damit war zum Beispiel die Phasengestalt der Venus oder gar des Merkurs nicht zu beobachten. Die Monde des Jupiters und ihre Bewegung um den Königsplaneten konnten nicht zuverlässig erkannt werden, obwohl sie theoretisch beobachtbar sind für das bloße Auge. Damit war beispielsweise auch der Planet Uranus zwar in der Reichweite der Astronomen und er wurde auch tatsächlich beobachtet. Nach der Erfindung des Teleskops schlich er sich ab und zu in Sternkarten ein, ohne jedoch als Planet identifiziert zu werden. Zuverlässig als »Wandelstern« erkannt wurde er erst bei seiner Entdeckung mit einem Spiegelteleskop im Jahr 1781 durch Wilhelm Herschel.

Die Revolution der Bibel: Sterne sind nichts als Sterne

Die Bibel klärt den Zusammenhang zwischen Gott und den beobachtbaren Körpern am Himmel schon auf der erste Seite sehr deutlich im Schöpfungsbericht: Gott ist es, der die beiden großen Leuchten am Himmel macht. Sie werden gar nicht namentlich als Sonne und Mond erwähnt, sondern als »das größere, das über den Tag herrscht, das kleinere, das über die Nacht herrscht« (Gen 1,16). Sie sind ganz klar von Gott und sind seine Geschöpfe, die er gemacht hat.

Das Volk Israel lebte zur Zeit, in der die Texte entstanden, in einer Umgebung, in der die Gestirne als Götter angesehen wurden. In der Bibel werden sie dann jedoch sozusagen säkularisiert. Dazu passt auch die Erklärung in Bezug auf die Erschaffung der Sterne, die in der Bibel im selben Vers wie in einem Nachsatz daherkommt: Ach ja, »auch die Sterne« hat Gott geschaffen. Ganz klar: Der Schöpfungsbericht sieht Sonne, Mond und Sterne zur Schöpfung gehörend. Sie haben keinen eigenständigen göttlichen Rang. Sie sind geschaffen zum Lobe Gottes und um den Menschen bei der Einteilung des Tages, der Monate und des Jahres zu dienen.

Als Geschöpfe Gottes sind die Körper am Himmel auch fähig, die Größe Gottes und sein Lob zu verkünden. In bildhafter Sprache treten sie immer wieder in der Weisheitsliteratur und vor allem in den Psalmen auf und verkünden die Herrlichkeit und Größe Gottes. In Psalm 148 werden Sonne, Mond und Sterne direkt vom Beter mit der ganzen Schöpfung zum Lob Gottes aufgefordert: »Lobt ihn, Sonne und Mond, lobt ihn, all ihr leuchtenden Sterne.«

Sterne werden von Gott genutzt, um immer wieder seine Verheißung an den Menschen von einem Leben in Fülle zu verdeutlichen. Abraham, dem Urvater des Glaubens, wird von Gott in dreifacher Weise die nicht zu zählende Zahl der Sterne am Himmel vor Augen geführt, um ihm zu zeigen, wie groß seine Nachkommenschaft und das Volk sein wird, das aus ihm hervorgehen soll. Der Sand am Meer, die Zahl der Sterne, sie sind Bild für die Fruchtbarkeit seines Lebens, die Gott dem Stammvater Abraham und damit allen Glaubenden zugedacht hat. Auf die Verheißung, die an Abraham ergangen ist, kommt die Bibel später im Buch Deuteronomium und im Brief an die Hebräer im Neuen Testament zurück: Das Versprechen, das Gott gegeben hat, hat sich an den Nachkommen Abrahams und Sarahs erfüllt.

Sonne, Mond und Sterne haben in der Bibel jedoch auch noch eine andere Funktion. Geschehnisse am Himmel zeigen an, dass eine Prophezeiung in Erfüllung gegangen ist. Inmitten von Not und Kriegen werden sie als Vorboten des »Tages des Herrn« gedeutet: die Sonne wird sich in Finsternis wandeln und der Mond in Blut (Joel 3,4) und die Sterne werden vom Himmel fallen. In der ganzen Schöpfung, auch in der geschaffenen Welt am Himmel, lässt sich erkennen, dass das Eingreifen Gottes für sein Volk, für die Armen und Benachteiligten, unmittelbar bevorsteht.[5] In allem Unheil und in allen Zeichen der Not und Zerstörung sind sie Anzeichen des bevorstehenden Heiles, das Gott für sein Volk schaffen will. Das führt dazu, dass bedrohliche Zeichen am Himmel wie Sonnen- und Mondfinsternisse oder Meteorstürme mit Tausenden von Sternschnuppen, die wie fallende Sterne aussehen, für die Glaubenden keine Zeichen des Unheils darstellen, sondern zu Zeichen des Heiles werden.[6]

Konkret finden sich verschiedene Sternbilder in der Bibel. Sie sind aber aus den umliegenden Völkern und Kulturen in Israel »eingewandert«. Eine Astronomie im eigentlichen Sinn hat es so im alten Israel nicht gegeben. Am häufigsten werden in der Bibel Orion und das Siebengestirn, die Plejaden, erwähnt. Interessant ist dabei die hebräische Bezeichnung für den Orion, der nicht als Himmelsjäger verstanden wird, sondern als ein »Gefallener«. Die Plejaden werden immer im Zusammenhang mit Orion erwähnt. Ihr hebräischer Name bedeutet so viel wie »Herde«. Darüber hinaus könnten als Sternbilder noch der »Wagen am Himmel«, der Löwe oder der Stier gefunden werden (Hiob 9,9; Hiob 38,31, wenn auch mit unsicherer Übersetzung). Hinzu kommt eine ganze Gruppe von Sternen, die zur richtigen Zeit aufgehen und mit den Sternbildern des Tierkreises identifiziert werden. So in Hiob 38,32, wo Gott in seiner langen Rede Hiob fragt: »Führst du heraus des Tierkreises Sterne zur richtigen Zeit, lenkst du die Löwin samt ihren Jungen?«

Die Verfasser der Bibel hatten kein Interesse an eindeutiger Identifikation von astrologischen Symbolen oder Hintergründen. Den Propheten kam es mehr auf den Primat Jahwes an, das heißt, dass Gott derjenige ist, der das Heer des Himmels dominiert, und dass ihm alleine die Verehrung gebührt.[7]

Im Neuen Testament beginnt das Matthäusevangelium mit den Sterndeutern aus dem Osten, die den Stern des neugeborenen Königs aufgehen sahen und ihm gefolgt waren, um das Kind in der Krippe zu suchen. Allerdings finden sie ihn nicht durch ihre Kunst der Sterndeutung, sondern sie brauchen die heiligen Schriften, um den entscheidenden Hinweis zu bekommen, dass dieses Kind in Betlehem im Lande Juda geboren werden soll. Der Evangelist Matthäus beschreibt keinerlei astronomische Erscheinung, die den Stern von Bethlehem berechenbar macht. Vielmehr wird der Stern zum Diener des Messiaskindes, indem er den Magiern aus dem Osten den Weg zur Krippe zeigt und über dem Ort, an dem sie steht, stehen bleibt.

Die Verheißung des Bileam aus dem Buch Numeri 24,17b: »Ein Stern geht in Jakob auf, ein Zepter erhebt sich in Israel«, hat mit großer Wahrscheinlichkeit Matthäus veranlasst, den aufgehenden »Stern Jakobs« in sein Evangelium aufzunehmen, um Jesus als den neugeborenen König und Messias für seine jüdischen Adressaten verständlich zu machen. Der aufgehende Stern gehört zur Bildsymbolik des kommenden Messias, der seine Ankunft am Himmel anzeigen wird. Diese Tradition ist wohl von den Juden aus der ägyptischen Kultur übernommen worden, denn dort gehörten zum Bildbereich des Königs die Sterne, die niemals untergehen und so sein Leben über den Tod hinaus garantieren. Die Distanz der Bibel zu den mythologischen und astrologischen Ansätzen der Kulturen, die Israel umgaben, wird auch im Matthäusevangelium deutlich: Nicht der Stern »macht« den Messias, sondern dieser muss dem wahren König und Messias, der im neugeborenen Jesuskind erkannt wird, dienen.

Dass die Verfasser der Bibel die Verehrung von Sternen als Götzendienst ansehen und abtun, wird im Neuen Testament durch den Evangelisten Lukas deutlich gemacht, der ebenfalls als der Verfasser der Apostelgeschichte gilt. In Apg 7 wirft Stephanus vor seiner Steinigung den Israeliten die Sünde des Sternenkultes vor. Stephanus stellt dem Hohepriester und dem Hohen Rat die Unheilsgeschichte Israels vor Augen. Unter den vielen Fällen von Glaubensabfall prangert er besonders den Sternenkult an: »Und sie fertigten in jenen Tagen das Standbild eines Kalbes an, brachten dem Götzen Opfer dar und freuten sich über das Werk ihrer Hände. Da wandte sich Gott ab und überließ sie dem Sternenkult, wie es im Buch der Propheten heißt: Habt ihr mir etwa Schlachtopfer und Gaben dargebracht während der vierzig Jahre in der Wüste, ihr vom Haus Israel?« (Apg 7,41f). Einer der Gründe, weshalb Stephanus gesteinigt wird, ist nach Lukas, dass Stephanus die Israeliten daran erinnert, sich von Gott abgewandt zu haben und stattdessen Götzen zu verehren, die nicht Gott sind.

Die spätere Titulierung von Jesus Christus als »der Morgenstern« ist deshalb nicht astrologisch oder als Verehrung eines Sterns zu verstehen. Es zeigt eine Weise der Inkulturation, um den Menschen verständlich zu machen, wer dieser Jesus ist. Das meint: Im Petrusbrief (2 Petr 1,17–19) und in der Offenbarung[8] findet sich das Bild des Morgensterns, das auf Jesus Christus übertragen wird. Er kündet als solcher den kommenden Tag des Heiles und der Vollendung an, der in seiner Auferstehung für den Glaubenden schon da ist. So machte der Bezug zur Sternensymbolik, die den Menschen damals sehr geläufig war, verständlich, wer dieser Jesus

Christus ist und welche bleibende Bedeutung er für ihr Leben hat.

Insgesamt zeigt sich in der Bibel immer wieder die deutliche Kritik der Propheten am Sternenkult der sie umgebenden Völker. Jahwe ist für sie der wahre und einzige Gott, der nicht von den Sternen bestimmt wird, sondern umgekehrt: Die Sterne sind seine Diener. Sie künden von seiner überragenden Schöpferkraft und loben Gott zusammen mit seiner ganzen Schöpfung. Darüber hinaus stehen sie im Dienst der Menschen. Sonne, Mond und Sterne sind da, um den Jahreslauf mit seinen Festen und Festzeiten bestimmen zu können. Sie helfen also dabei, sich in der Zeit zurechtzufinden, das Leben zu gestalten und in die rechte Form zu bringen. Eine eigene Astrologie zur Vorhersage von drohenden oder erwünschten Ereignissen brauchte es in Israel nicht, denn diese Aufgabe hatten die Propheten in der Abhängigkeit zum Wort Gottes inne, das an sie erging und das sie zu verkünden hatten. Die Deutung der Sterne war damit Wahrsagerei, die im Grunde ein Abfall von Gott und seiner zuverlässigen Sorge für den glaubenden Menschen darstellte.

Damit beförderte das Verständnis der Bibel von den Sternen als Geschöpfe Gottes, die nichts als Sterne sind, die Entwicklung einer unabhängigen Astronomie von der Astrologie. Es brauchte aber noch Jahrhunderte, bis diese Einsicht allgemeine Akzeptanz fand.

Sonne, Mond und Sterne als Maß für die Zeit

Das sich entwickelnde Christentum nahm die biblischen Texte über die Bedeutung der Sterne und deren Zusammenhang mit dem ganzen Kosmos ganz selbstverständlich in das Leben, in den Jahreslauf und noch mehr in die Gottesdienste auf. Dort finden sie sich vor allem in Liedern und anderen liturgischen Texten wieder. Das Neue Testament weist immer wieder auf die kosmische Bedeutung Jesu hin. In den Evangelien des Lukas und Johannes und auch in verschiedenen Briefen des Paulus und Petrus werden uns diese urchristlichen Hymnen überliefert. Die Urchristen entstammten entweder direkt dem Judentum oder dem jüdischen Umfeld. Sie waren mit der Bibel – dem Alten Testament – und ihrer Schöpfungsgeschichte vertraut. Danach wurde durch Gott, durch sein Wort alles erschaffen. Sie glaubten daran, dass Gottes Wort durch den Heiligen Geist in Jesus Christus Mensch geworden war. Die kosmische Bedeutung seines Lebens, seines Leidens und Sterbens erkannten sie an seiner Auferstehung. Deshalb musste auch für sie dieses menschgewordene Wort Gottes von Anfang an bei der Grundlegung der Schöpfung dabei gewesen sein. An verschiedenen Stellen des Neuen Testamentes klingt dies an, wie im Prolog, dem Beginn des Johannesevangeliums: »alles ist durch das Wort geworden, und ohne das Wort wurde nichts von allem, was wurde« (Joh 1,3)[9].

Die Schöpfung durch Christus wird auch in verschiedenen urchristlichen Hymnen besungen, die uns überliefert sind. Im Brief an die Kolosser heißt es beispielsweise: »Denn in ihm wurde alles erschaffen im Himmel und auf Erden – alles ist durch ihn und auf ihn hin geschaffen« (Kol 1,16). In der Offenbarung nehmen diese Gesänge einen eigenen, kosmischen Charakter an. In der Abgrenzung gegenüber dem Kaiser, der sich als der »Kosmokrator«, als Weltherrscher sah, wurde Jesus Christus als »Pantokrator«, als Herrscher über das All besungen. Nach den ersten drei Jahrhunderten, in denen die Christen im römischen Reich verfolgt wurden, sind die Gesänge der Kirche noch immer geprägt von den Vorbildern der urchristlichen Gemeinde. Das All, die Sterne und die Planeten kommen hier ganz selbstverständlich im Umkreis des Schöpfers der Welt vor und besingen so die Größe Gottes.

Aber nicht nur der Aspekt des Gotteslobes wurde aus dem Judentum ins Christentum übernommen. In Psalm 104,19 heißt es: »Du hast den Mond gemacht als Maß für die Zeiten, die Sonne, die ihren Untergang kennt.«[10] Die Astronomie blieb für die Kirche zur Bestimmung der Zeiten und der Festlegung ihres Kalenders mit seinen spezifischen Festen und Festzeiten unerlässlich. Zum einen konnte man sich am staatlichen sogenannten Julianischen Kalender orientieren. Der Julianische Kalender war durch Julius Cäsar eingeführt worden und wurde deshalb nach ihm benannt. Er teilte die 365 Tage in 12 Monate ein. Alle vier Jahre wurde ein Schaltjahr eingelegt. Gültig war der Julianische Kalender bis 1582. Allerdings waren damit die spezifisch christlichen Feste noch nicht geklärt und festgelegt.

Die eindeutige Bestimmung des christlichen Jahreslaufes ging vom Osterfest aus. Das Fest der Auferstehung Jesu wurde durch Berechnung beziehungsweise Beobachtung des gestirnten Himmels festgelegt. Allerdings zeigten sich schon ab dem 2. Jahrhundert Unklarheiten über den »wahren« Ostertermin. Der Streit darüber zog sich über mehrere Konzilien und Jahrhunderte hin und konnte erst im 6. Jahrhundert mit der heute noch gültigen Regel für den Ostertermin endgültig geklärt werden: Ostern ist am ersten Sonntag nach dem ersten Frühlingsvollmond. Fällt dieser auf einen Sonntag, ist der Ostersonntag der darauffolgende Sonntag. Es war nun die Aufgabe, die an die Astronomen und die sogenannten Computisten erging, den jeweils richtigen Termin für das Osterfest zu bestimmen. Dionysius Exiguus, der auch den Beginn der christlichen Zeitrechnung berechnet hatte, stellte mit den Computisten die Osterfesttafeln auf, mit denen über 500 Jahre der Termin des Ostersonntags bestimmt wurde. Von dort aus regelten sich die Feiertage des Kirchenjahres und die verschiedenen Fest- und Fastenzeiten des Jahres.

Aber nicht nur für die Einteilung des Jahres war die Astronomie von zentraler Bedeutung. Auch für die Mönche war es wichtig, dass die Gebetszeiten (sie heißen heute noch Tagzeiten) zum richtigen Zeitpunkt gehalten wurden, um einer auch durch den Glauben durchdrungenen Ordnung des Tageslaufes zu folgen. Benedikt von Nursia (480–547) mahnt den Abt in seiner Regel, Sorge dafür zu tragen, dass die Zeiten der Gottesdienste am Tag und in der Nacht zur rechten Zeit (*horis competentibus*) angekündigt werden.[11] Dies war zum einen durch die Beobachtung der Sonne und ihrer Südstellung möglich, wodurch die Tagesmitte festgelegt war. Sonnenuhren zeigten aber auch die anderen Stunden des Tages durch den Stand und die Himmelsrichtung der Sonne an. Das einzige Problem dabei war, dass es zum Ablesen der Zeit eines wolkenfreien Himmels bedurfte. Ähnlich war es bei der Beobachtung der Sterne in der Nacht, um die Zeit der Vigilien (Nachtwachen) zu bestimmen. Als Hilfe für Schlechtwetterphasen gab es einfache Sand- oder Wasseruhren, die bei nächster Gelegenheit an der Sonne oder an den Sternen wieder geeicht wurden.

Der Tag und auch die Nacht wurden im Altertum jeweils in zwölf Stunden geteilt. Nach acht Stunden Schlaf konnten die Mönche also ausgeruht wieder aufstehen.[12] Dabei hatten aber die Stunden während des Jahres unterschiedliche Längen: Je größer die nördliche Breite wurde und damit die Entfernung zum Äquator, desto stärker wurde die Schwankung der jahreszeitlichen Veränderung von Tag- und Nachtlänge während des Jahreslaufes. Benedikt berücksichtigte dies in der Ordnung der nächtlichen Vigilien: Weil im Sommer die Nächte kurz sind, wurden die Lesungen und Antwortgesänge gekürzt. Es musste aber im Kloster einen Bruder geben, der sich mit den sich verändernden Zeiten während des Jahres auskannte und die Tagesordnung im Kloster damit vorgeben konnte – ohne mechanische Uhren kein einfaches Unterfangen! Es brauchte also jemanden, der sowohl während des Jahres als auch am Tag und in der Nacht die Stunde für das Gebet berechnen und anzeigen konnte, damit die Brüder zur richtigen Zeit ihr Chorgebet verrichten konnten.

Die Gebetszeiten waren bewusst und gezielt in den Lauf des Kosmos integriert. Der Beginn der morgendlichen Gottesdienste sollte so bestimmt werden, dass die *Laudes* (das Morgenlob) zum Anbruch des Tages gesungen werden konnte. Der Rhythmus der Schöpfung sollte sich im Gebetsleben der Mönche widerspiegeln. Die Begründung für das Chorgebet der Mönche gibt Benedikt recht lapidar mit dem Hinweis auf den Schöpfer, dem sie ihr Lob schulden: »Es gelte, was der Prophet sagt: ›Siebenmal am Tag singe ich dein Lob.‹ Von den nächtlichen Vigilien sagt derselbe Prophet: ›Um Mitternacht stehe ich auf, um dich zu preisen.‹ Zu diesen Zeiten lasst uns also unserem Schöpfer den Lobpreis darbringen wegen seiner gerechten Entscheide, nämlich in Laudes, Prim, Terz, Sext, Non, Vesper und Komplet. Auch in der Nacht lasst uns aufstehen, um ihn zu preisen.«[13]

Ein weiterer Punkt war die Ausrichtung der Kirchen nach Osten, die sogenannte Ostung. Schon die Gebäude im alten Ägypten, die Tempel der Antike und viele andere religiösen Bauten hatten eine solche Ausrichtung. Dabei war die entscheidende Richtung nicht immer dieselbe. Bei den ersten Kathedralen entschied man sich beispielsweise in der Gegend von Byzanz für die Ausrichtung nach Osten, denn die Wiederkehr Jesu Christi wurde vom Aufgang der Sonne, von Osten her, erwartet. Die Christen beteten deshalb von Anfang an auch nach Osten hin gewandt: *ad orientem*. Dabei ging man in einer speziellen Weise vor: Die Hauptachse der Kirche wurde nach der Richtung des Sonnenaufgangs am Tag des oder der Kirchenpatronen vorgenommen.[14] Gerade die Kirchen im Mittelalter wurden so nach dem Sonnenaufgang ausgerichtet, für die es fachkundige Astronomen brauchte.

Durch diese verschiedenen Anknüpfungspunkte hielt die Astronomie in die Klöster Einzug und wurde dort über Jahrhunderte als Wissenschaft geschätzt und gepflegt. Die Beschäftigung mit den Naturwissenschaften war seit den Kirchenvätern positiv bewertet worden und gehörte zur Grundbildung in den Klöstern.

3

Astronomie und Glaube – eine spannende Geschichte

Astronomie als ein Weg der Gotteserkenntnis

Nach Bischof und Kirchenvater Athanasius (295–373), der einer der größten Theologen seiner Zeit war, ist die Beschäftigung mit der Natur und dem Wissen über sie unerlässlich für den glaubenden Menschen, da sich Gott in seiner Schöpfung selbst offenbart. Damit kann der Mensch über das Studium der Natur zu tieferen Erkenntnissen über Gott gelangen, wenn er sich auch direkten Beweisen entzieht. Für Thomas von Aquin (1225–1274) war es ebenfalls wichtig, festzustellen, dass ein Irrtum über die Geschöpfe den Menschen von Gott wegführt, weil es dazu kommen kann, die Schöpfung falschen Ursachen unterzuordnen, die nicht Gott, sondern nur ihm untergeordnete Kräfte sind.[15] Naturwissenschaft und Glaube stehen also in dieser Zeit nicht als Gegensatzpaare da, sondern sind vielmehr aufeinander bezogen und befruchten sich gegenseitig. Der Glaube braucht die vernünftige Einsicht der Naturwissenschaft, und die Wissenschaft erlangt ihre tiefere Bedeutung durch den Glauben.

Deshalb ist es sinnvoll und versteht es sich von selbst, dass sich gläubige Menschen mit der Erkenntnis der Natur und somit auch der Astronomie beschäftigen. In der Antike galt sie als eine der sogenannten Freien Künste, also als Studienfach, wenn man so möchte, das zu einer umfassenden Allgemeinbildung dazugehörte. Im Übergang von der Antike zur christlichen Gesellschaft des frühen Mittelalters wurden die Freien Künste von Martianus Capella[16] und dem Kirchenlehrer Augustinus übernommen und weiter tradiert. Neben der Grammatik, Rhetorik, Dialektik, Arithmetik, Geometrie und Musik steht die Astronomie als Wissenschaft, mit der sich der gläubige und freie Mensch beschäftigen muss, um ein wirklich freier Mensch zu sein und seinem Schöpfer näher zu kommen. In der Erforschung der Natur kommt der gläubige Mensch mit Gott in Berührung, da Gott alles erschaffen hat und sich in ihr damit Ausdruck verleiht.

Die astronomischen Schriften des Altertums wurden entweder direkt aus der Antike ins Mittelalter übernommen oder sind im Kontakt mit der arabischen Welt wieder nach Europa gelangt. Der *Almagest* des Ptolemäus ging einen verschlungenen Umweg. Er gelangte auf eine besondere Weise ins Abendland: Auf der Iberischen Halbinsel wurden nach dem Sieg der Christen über die muslimischen Herrscher in den Bibliotheken die Bücher gesichtet. Dabei wurde auch der *Almagest* in arabischer Sprache gefunden. Über eine mehr schlechte lateinische Rückübersetzung aus dem Arabischen wurde er in ganz

Europa bekannt und zum astronomischen Standardwerk des Mittelalters bis zur Renaissance.[17]

Das ptolemäische, geozentrische Weltbild dominierte, auch wenn alternative Weltbilder bekannt waren. Nach Ansicht von Martianus Capella, der im 5./6. Jahrhundert das Wissen seiner Zeit in einer Art Lexikon zusammentrug, kreisen Venus und Merkur um die Sonne, die sich mit ihr wie die anderen Planeten um die Erde drehen.[18] Die Möglichkeit eines heliozentrischen Systems war seit Aristarch (310–230 v. Chr.) bekannt. Im 9. Jahrhundert findet sich die Ansicht, dass die Planeten um die Sonne kreisen, beim irischen Theologen und Philosophen Johannes Scotus Eriugena. Wahrscheinlich ist der Grund dafür ein Verständnisfehler beim Studium des Werkes *Timaios* von Platon, auf das er fälschlicherweise Bezug nimmt. Aber weder von ihm selbst noch von einem anderen ist der »richtige« Irrtum wirklich bemerkt worden.[19]

So fruchtbar die Verbindung von Religion, Philosophie und Astronomie war, so trug sie in ihrem Kern schon eine große Sprengkraft in sich. Die Frage nach dem Primat der Erkenntnisweise musste sich irgendwann einmal stellen, das heißt: Was ist die entscheidende Wissenschaft, die Naturwissenschaft, die Theologie oder die Philosophie? Aurelius Augustinus, Kirchenlehrer, Philosoph und Theologe des 5. Jahrhunderts, hat dazu schon eine umfassende Antwort in seinem Kommentar zum ersten Buch der Bibel, der Genesis, gegeben: »Oft genug kommt es vor, dass auch ein Nichtchrist ein ganz sicheres Wissen durch Vernunft und Erfahrung erworben hat, mit dem er etwas über die Erde und den Himmel, über Lauf und Umlauf, Größe und Abstand der Gestirne, über bestimmte Sonnen- und Mondfinsternisse, über die Umläufe der Jahre und Zeiten, über die Naturen der Lebewesen, Sträucher, Steine und dergleichen zu sagen hat. Nichts ist nun peinlicher, gefährlicher und am schärfsten zu verwerfen, als wenn ein Christ mit Berufung auf die christlichen Schriften zu einem Ungläubigen über diese Dinge Behauptungen aufstellt, die falsch sind und, wie man sagt, den Himmel auf den Kopf stellen, sodass der andere kaum sein Lachen zurückhalten kann.«[20]

Eine weitere Frage war: Wie philosophisch darf oder muss die Astronomie sein? Schon die griechischen Astronomen betrieben ihre Wissenschaft losgelöst von den ursprünglich dahinterliegenden religiösen Vorstellungen. Sie blieben aber stark bestimmt von ihren großen Philosophen Platon und Aristoteles und deren Denksystemen. Schönheit, Symmetrie und Proportion spielten eine große Rolle und sollten durch die Astronomen nicht verletzt, sondern vielmehr in der Welt wiedergefunden werden.

Die große Kalenderreform

Wie begrenzt allerdings das astronomische Wissen des Altertums war, konnte man im Lauf der Zeit bei der wachen Beobachtung des Himmels feststellen. Fast 1 000 Jahre lang blieb die Ordnung des Jahreslaufes seit dem Altertum mit dem gebräuchlichen Julianischen Kalender im Einklang. Allerdings bemerkte man, dass der Kalender mit den astronomischen Erscheinungen am Himmel mit der Zeit immer weniger übereinstimmte. Die Wintersonnenwende verschob sich immer deutlicher nach hinten. Wurde sie ursprünglich am 22. Dezember gefeiert, rückte sie im Lauf der Zeit in den Januar des folgenden Jahres. Schon im Altertum hatte man also festgestellt, dass der Julianische Kalender dem Lauf der Sonne und der Gestirne nicht genau entsprach. Innerhalb von 133 Jahren bringt dieser eine Ungenauigkeit von einem Tag mit sich. Auf dem Konzil von Basel (ab 1432) schlug Nikolaus von Kues eine Kalenderreform vor.[21]

Dennoch blieb der Julianische Kalender bis zum Jahr 1582 unverändert gültig. Es war dann schließlich die Gregorianische Kalenderreform, die das tägliche Datum wieder den astronomischen Gegebenheiten anpasste. Über Jahrzehnte hinweg brauchte es mehrere Anläufe, bis eine Kommission einen Vorschlag einbrachte, der von Papst Gregor XIII. umgesetzt werden konnte. Sie wurde als eine säkulare Reform eingeführt, in der Hoffnung, dass sich ihr auch die Länder mit anderen Konfessionen anschließen würden.[22] Es dauerte jedoch bis ins 20. Jahrhundert hinein, bis der Gregorianische Kalender in allen Teilen der Welt wirklich akzeptiert und eingeführt wurde. Allerdings gilt noch immer nicht in allen christlichen Kirchen der gleiche Osterfesttermin. Diese einheitliche kalendarische Regelung steht noch aus.

Gläubige Astronomen am Wendepunkt

Für viele Astronomen war der Glaube eine wichtige Triebfeder, um sich mit der Wissenschaft der Astronomie zu beschäftigen. Gerade die Astronomen der Renaissance lernten die Grundlagen der Astronomie im Studium der Philosophie begleitend zur Theologie. Es ging bei der Beschäftigung mit den Naturwissenschaften um die Möglichkeit einer tieferen Gotteserkenntnis. Zwei Personen aus dieser Zeit, die am Wendepunkt des Verhältnisses von Glauben und Naturwissenschaften und im Speziellen der Astronomie standen, mögen dies illustrieren: Nikolaus Kopernikus und Johannes Kepler.

Nikolaus Kopernikus war Domherr zu Danzig und fand, als er sein Werk *De Revolutionibus* verfasste, darin keinen Widerspruch zu seinem Glauben. Auch nicht, als er darin die Sonne in das Zentrum der sich bewegenden Erde und der anderen Planeten rückte. Im Gegenteil, er sandte seine astronomischen Einsichten dem Papst nach Rom und stand mit den kirchlichen Behörden seiner Zeit in regem Kontakt. Nikolaus wurde 1473 in Thorn geboren.[23] Nachdem sein Vater früh verstorben war, nahm sich sein Onkel Lukas Watzenrode seiner an. Er wurde später Bischof von Ermland, was für Kopernius sicher hilfreich war in Bezug auf seine Ausbildung und seine Karriere. Nach seiner Schulbildung in Thorn begann er ein Studium, das ihn an verschiedene Orte in Polen

(Krakau) und in Italien (Bologna, Padua) führte. Er hatte die Astronomie in seinen theologisch-philosophischen Grundstudien erlernt. Nach dem Studium des Rechts und der Medizin kehrte er 1503 in seine Heimat als *Doctor Decretorum* (Doktor des Kirchenrechts) zurück. Schon neun Jahre zuvor war er auf Vorschlag seines Onkels, Bischof Lukas, zum Domherren des Frauenburger Domkapitels gewählt worden.

Relativ sicher ist, dass Kopernikus nicht zum Priester geweiht wurde, er hatte allenfalls die niederen Weihen bis zum Subdiakon erhalten. Damit war er zwar Mitglied des geistlichen Standes, hatte aber nicht alle Pflichten eines Klerikers zu erfüllen. Er war so freier in seiner Lebensgestaltung. Die Option einer kirchlichen Karriere stand ihm aber zeitlebens offen.

Über die Jahrzehnte war er als Arzt, hoher Verwaltungsbeamter, Kanzler des Domkapitels, Übersetzer, Abgesandter, Geograf und als Münzreformer tätig. Das zeugt von seiner hohen und seinen vielseitigen Begabungen. Sein Hauptberuf war also nicht Astronom, Mathematiker oder gar Professor an einer Hochschule, was ihm Zeit und Freiraum gelassen hätte für seine Forschungen. Neben den verschiedenen fordernden Tätigkeiten des Alltags beschäftigte sich Kopernikus mit der Astronomie – heute würde man sagen als Hobby.

Seit 1510 hatte er seinen Wohnsitz in Frauenburg an der Kathedrale, wo er im Nordwestturm lebte und arbeitete. Er stellte seit seiner Studienzeit eigene astronomische Beobachtungen an, die allerdings mit eher einfachen Instrumenten selbst für die damalige Zeit relativ ungenau waren. An seinem Hauptwerk hat Nikolaus Kopernikus über 30 Jahre lang geschrieben. Richtig intensiv scheint dies ab der Zeit seines Rückzuges aus der Öffentlichkeit im Jahr 1530 der Fall gewesen zu sein. Der protestantische Mathematikprofessor Georg Joachim Rheticus kam von Wittenberg aus 1539 zu ihm nach Frauenburg. Ihm und dem Drängen seines Bischofs Giese gab Kopernikus 1540 nach und stimmte der Veröffentlichung seines Hauptwerkes zu. Wenn man dem Vorwort von *De Revolutionibus* Glauben schenkt, fiel ihm diese Zustimmung nicht leicht. Er war sich unsicher, ob er seine Leser erreichen und sie von seinen Thesen durch Berechnungen und durch vernünftige Argumentation überzeugen könnte. Die Widerstände gegen ein heliozentrisches Weltbild waren in seiner Zeit sehr groß. An den Beginn seines Werkes setzte er zudem eine Warnung auf Griechisch: Die sich auf Geometrie nicht verstünden, sollten nicht eintreten, sprich, sein Werk nicht lesen!

Die Drucklegung und Fertigstellung zog sich über einige Zeit hin, sodass sein wichtigstes Werk erst kurz vor seinem Tod veröffentlicht werden konnte. *De Revolutionibus orbium coelestium* (»Über die Kreisbewegungen der Himmelsbahnen«) widmete Kopernikus dem damaligen Papst Paul III. Mit den römischen Behörden hatte er schon zuvor wegen der bevorstehenden Kalenderreform in Kontakt gestanden.[24] Deshalb war die Diskussion um den Wechsel vom geozentrischen zum heliozentrischen System in Rom durchaus nicht unbekannt. Durch die

Stellung der Sonne im Zentrum konnte Kopernikus eine Verbesserung bei der Bestimmung der Jahreslänge erreichen, was auch Jahrzehnte später bei der Gregorianischen Kalenderreform berücksichtigt wurde. Das heliozentrische Weltbild löste aber schon zu seinen Lebzeiten heftige Diskussionen aus, die zudem durch die zunehmende Konfessionalisierung in Deutschland verstärkt wurde. Denn hinter den naturwissenschaftlichen Fragen standen vor allem auch religiöse und philosophische Problemstellungen, die in den neu entstandenen christlichen Konfessionen deutlich unterschiedlich bewertet und beantwortet wurden: Wie wörtlich war die Bibel zu nehmen? Wenn sie nicht wörtlich zu verstehen ist, auf welche Weise dann? Wo hat sie Gültigkeit und wo nicht? Wie ist die Philosophie des Aristoteles zu bewerten, wenn die von ihr gelehrte Geozentrik falsch war?

Nikolaus Kopernikus selbst ist recht schweigsam, was seine philosophisch-theologischen Hintergründe angeht. Sicher ging es ihm darum, die offensichtlichen Unzulänglichkeiten des ptolemäischen Systems zu verbessern. Symmetrie und Proportionen sollten stimmen und sein neues Modell sollte die Schönheit der Welt wieder zur Geltung bringen.

Es ist wohl auch auf den Kontakt mit der antiken Philosophie der Pythagoreer und dem Neuplatonismus zurückzuführen, dass er sich veranlasst sah, die Sonne als Energiezentrum in den Mittelpunkt seiner Welt zu setzen. Er schreibt von ihr am Ende seines Buches: »Inmitten all dessen thront die Sonne. Wer denn wollte in diesem wunderschönen Heiligtum diese Leuchte an einen anderen, besseren Ort setzen als den, von wo aus sie das Ganze gleichzeitig erhellen kann? (...) So wirklich wie auf königlichem Thron sitzend, lenkt die Sonne die um sie herum tätige Sternenfamilie.«[25]

Nikolaus Kopernikus wollte mit seinem Werk über die Planetenbahnen keine Revolution auslösen und auch kein neues Zeitalter einläuten. Auch lag ihm die oft beschworene »kopernikanische Wende« völlig fern. Es ging ihm um eine bessere Darstellung der göttlichen Ordnung am Himmel und eine bessere Berechnung der Himmelspositionen der Planeten. Angeregt durch die Beschäftigung mit den alten griechischen Philosophen kam er dazu, die Sonne in den Mittelpunkt der Welt zu setzen. Er blieb bei der damals als vollkommen angesehenen Kreisbewegung der himmlischen Körper, was leider die praktischen Probleme und die Genauigkeit bei der Berechnung der Orte der Planeten am Himmel nicht wirklich verbesserte.

Zu seinen Lebzeiten entzweite das Bild des heliozentrischen Systems Glaube und Astronomie noch nicht. Bischof Cromer setzte ihm 1581 ein Denkmal am Frauenburger Dom. Sein Buch *De Revolutionibus* kam erst im Zuge der Auseinandersetzung mit Galileo Galilei 1616 auf den Index der verbotenen Bücher – falls es nicht korrigiert und mit einem Zusatz versehen wurde, dass es sich um eine mathematische Hypothese handelte.[26]

Als zweiter Astronom aus dieser Umbruchszeit, für den der Glaube eine zentrale Rolle, vielleicht die größte Rolle in seinem Leben spielte, ist Johannes Kepler zu nennen. Was Kopernikus bei den Planeten noch mit Kreisbahnen und Epizyklen zu lösen versuchte, gelang ihm mithilfe von Ellipsenbahnen für die Planeten um die Sonne. Hinzu kommt, dass Johannes Kepler die religiösen Motive für seine Arbeit den Lesern offenlegte und sie sogar immer wieder in seinen Schriften aufforderte, mit ihm Gott, den Schöpfer des Kosmos, zu loben.

Schon als Junge kam Johannes Kepler mit der Astronomie in Berührung: Noch bevor er zehn Jahre alt war, sah er den großen Kometen von 1577 und drei Jahre später eine Mondfinsternis. Seine höhere schulische Ausbildung erhielt er in der evangelischen Klosterschule des ehemaligen Zisterzienserklosters Maulbronn. Immer gehörte er zu den Besten seines Jahrgangs und konnte so in Tübingen sein Studium der Philosophie und Theologie beginnen. Sein ursprünglicher Berufswunsch war der eines Geistlichen. Zum Studium der Philosophie gehörten damals die Fächer über die Erkenntnisse der Natur, und einer seiner Lehrer, Meister Michael Mästlin, brachte ihn auf die Spur der Astronomie. Mästlin war es auch, der ihn mit dem heliozentrischen System und der Lehre des Kopernikus vertraut machte.

Johannes Kepler machte sich zunächst einen Namen als Mathematiker und war ein gefragter Mann bei der Erstellung von Horoskopen. So wurde er mathematischer Lehrer an der protestantischen Hochschule in

Graz. Später ging er nach Prag, um mit Tycho de Brahe zusammenzuarbeiten. Tycho de Brahe war ein begnadeter Beobachter des Sternenhimmels. Es gelang ihm, die Positionen von Sternen und Planeten in einer bis dahin unerreichten Genauigkeit zu vermessen. Erst mithilfe des Fernrohrs gelangen Jahrzehnte später bessere Ortsbestimmungen am Sternenhimmel. Johannes Kepler ging es darum, die genauen Positionsmessungen der Planetenbewegung von de Brahe kennenzulernen, um mit ihrer Hilfe seine eigenen Berechnungen zu verbessern und abzugleichen.

Von dieser Zeit ab war die Astronomie sein dezidiertes Arbeitsfeld. Kurz darauf wurde er Hofmathematiker am katholischen Kaiserhof von Kaiser Rudolf II. in Prag. 1604 beobachtete er einen neuen Stern im Sternbild des Schlangenträgers. Begleitet wurde die Erscheinung von einer dreifachen Konjunktion von Jupiter und Saturn. Hinzu kam noch Mars, der seine Bahn in diesem Himmelsareal zog. »Neue Sterne« waren deshalb so interessant am Himmel zu beobachten, weil man bis dahin davon ausging, dass der Sternenhimmel unveränderlich sei.

Die Große Konjunktion – das dreimalige Treffen von Jupiter und Saturn – konnte noch eine Steigerung erfahren, wie es in den Schriften der Astronomen des arabischen Bereichs nachzulesen war: nämlich dann, wenn sie am Anfang des Tierkreises im Sternbild Fische/Widder stattfinden würde. Dies war die »Größte Konjunktion«, die es am Himmel zu beobachten gab – und das war wohl im Jahr 6/5 vor Christus der Fall. Anlass genug für Kepler, sich mit dem wahren Geburtsjahr Jesu auseinanderzusetzen.

Im Zusammenhang mit einer tatsächlichen Mondfinsternis vor dem Tod des Herodes, von der der jüdische Geschichtsschreiber Flavius Josephus berichtet hatte, passte für Johannes Kepler alles zusammen: Die geschichtlichen Hinweise und die astronomischen Erkenntnisse über eine mögliche Größte Konjunktion veranlasste ihn, das Erscheinen des Sterns von Bethlehem mit der dreifachen Konjunktion von Jupiter und Saturn in den Fischen als Ursache zu deuten.[27]

Gegenüber der Astrologie setzte sich Kepler immer wieder deutlich ab, obwohl er sie als Geldquelle immer wieder für sich nutzte. In seinen Augen wurde im Lauf seines Lebens die Astronomie zur »armen und weisen Mutter der verrückten Tochter Astrologie«.[28] Für die Horoskope gab es gutes Geld, für die astronomischen Forschungen im besten Fall Beifall. Zwar schließt er Zufälligkeiten bei den Ereignissen am Planeten- und am Sternenhimmel aus. Für ihn ist es aber Gott, der durch die Geschehnisse am Himmel den Menschen auf der Erde einen Hinweis geben will. Eine Deutung der Vorgänge am Sternenhimmel von 1604 und den folgenden Jahren lässt er bewusst offen – er sei vom Kaiser schließlich als Astronom angestellt und nicht als Prophet![29]

Für Johannes Kepler hat die Beschäftigung mit der Astronomie einen tief religiösen Sinn und Hintergrund. Der Schöpfer selbst wird durch die Astronomen und ihre Bemühungen, die Natur zu erkennen, gefeiert. Er hielt sich als Astronom für einen wahren Priester des Allmächtigen, der aus dem Buch der Natur mit der Astronomie Gott verherrlichte.[30] In der Vorrede an den Leser in seinem frühen Werk *Mysterium Cosmographicum* (»Weltgeheimnis«), das er mit 25 Jahren veröffentlichte, nahm er direkten Bezug auf den religiösen Antrieb für seine Arbeit um die Entschlüsselung der Planetenbahnen am Himmel. Es ging ihm um die Harmonie der Welt, die Gott ihr bei ihrer Erschaffung mitgegeben hatte: »Drei Dinge waren es vor allem, deren Ursache, warum sie so und nicht anders sind, ich unablässig erforschte, nämlich die Anzahl, Größe und Bewegung der Bahnen. Dies zu wagen bestimmte mich jene schöne Harmonie der ruhenden Dinge, nämlich der Sonne, der Fixsterne und des Zwischenraumes mit Gott Vater, dem Sohn und dem hl. Geist. (...) Da sich die ruhenden Dinge so verhielten, zweifelte ich nicht an einer entsprechenden Harmonie der bewegten Dinge.«[31] Mit den »bewegten Dingen« sind die Planeten und ihre Umläufe um die Sonne gemeint. Die »ruhenden Dinge« sind die Sonne und die Fixsterne. Sie vergleicht Johannes Kepler mit Gott, dem dreieinen Schöpfer: der Vater ist im Zentrum, wie die Sonne im Zentrum des Kosmos ist; der Sohn ist vergleichbar mit den Fixsternen, die den Abschluss der Welt nach außen bilden; der Heilige Geist ist das verbindende Element des Zwischenraumes, das mit den bewegten Dingen korrespondiert.

Für ihn ist es Gott, der mit seinem Schöpfergeist die Kräfte und die Bahnen der Planeten absteckt. Er nimmt bewusst Bezug auf Nikolaus Cusanus im Hinblick auf die geometrischen Verhältnisse im Kosmos. Es geht ihm um die höchste Schönheit, die es in der Welt zu entdecken gilt.[32] Wenn er schreibt, was seiner Ansicht nach die Ursache der Planetenläufe ist, ist er sich darüber im Klaren, dass seine religiös-ästhetischen Begründungen nicht allen genügen werden: »Bei den vorliegenden Kapiteln werde ich die Physiker gegen mich haben.«[33] Die Bahnen der Planeten werden von ihm nicht physikalisch, sondern immateriell und mit geometrischen Figuren begründet. Im Hintergrund dazu standen die griechischen Philosophen wie Platon mit seiner Theorie der »ewigen Ideen«, denen die Welt nur gleichen kann.

Einige Jahrzehnte später tritt Kepler mit seinem Werk *Astronomia Nova* wie ein moderner Astrophysiker auf. Nach der Entschlüsselung der Planetenbahnen als Ellipsen wird er eine quasi magnetische Kraft postulieren, die die Himmelskörper auf ihre Bahnen zwingt. Er benötigt für die Erklärung der Bewegung der Planeten keine Schalen oder feste Bahnen, sondern er sieht eine von Gott geschaffene Kraft am Werk, die er nicht mehr philosophisch-geometrisch, sondern naturwissenschaftlich zu erklären sucht.[34] Die drei Gesetze, mit denen Kepler die Planetenbahnen definiert, sind als erste naturwissenschaftliche Gesetze im modernen Sinn anzuerkennen. Sie stellen nachprüfbare allgemeine Regeln dar, mit denen es möglich ist, die Stellungen der Planeten im Voraus zu berechnen.

Am Ende seines »Weltgeheimnisses« ruft er den Leser auf, Gott zu loben für das kunstvolle Werk der Welt, das er geschaffen hat und das er ihm (Kepler!) zu erkennen gegeben hat. Denn der Zweck seiner Untersuchung der Planetenbahnen war es, dass der Leser »vom äußeren Augenschein zum inneren Sinn, von der sichtbaren Erscheinung zum inneren Schauen« [35] vordringen soll, um so zur Erkenntnis, Liebe und Verehrung des Schöpfers zu gelangen. Ein ähnliches Lob des Schöpfers ist am Ende jedes seiner Werke zu finden.

Der konstruierte »Ur«-Konflikt Galileo Galilei

Schaut man sich die Veröffentlichungen zum Thema Glaube und Astronomie einmal genauer an, so wird deutlich, dass ein Konflikt hier immer wieder erwähnt und thematisiert wird: Galileo Galilei und die Geburt der modernen Naturwissenschaften. Leider ist durch die verschiedensten Traditionsbildungen ein unbefangener Blick auf die Ereignisse am Beginn des 17. Jahrhunderts kaum noch möglich.

Das wichtigste Ereignis im Leben des genialen Mathematikprofessors Galilei war die Erfindung des Fernrohrs am Anfang des 17. Jahrhunderts – und sein Einfall, es auf den nächtlichen Sternenhimmel zu richten. Die ersten Teleskope waren zwar gegenüber heutigem Standard klein und von der optischen Qualität her sehr schlecht, aber durch Ausprobieren fand man die besten Linsen und baute sie zu einem einigermaßen brauchbaren Gerät zusammen. Ende des Jahres 1609 begann Galilei mit seinen teleskopischen Beobachtungen. Sein Werk *Siderius Nuncius* (Sternenbote), das 1610 in aller Eile erschien und von seinen teleskopischen Beobachtungen in Bezug auf Sterne, Mond und Jupiter berichtete, kann man durchaus als eine Sensation bezeichnen. Er konnte aufgrund der größeren Öffnung seines Teleskops deutlich mehr Sterne sehen, als das mit bloßem Auge möglich gewesen wäre. Auch wurde die Winkelauflösung erheblich gesteigert. Die Krater des Mondes und seine Meere, wie Galilei sie bezeichnete, zeigten keine ideale Kugelgestalt des Trabanten, sondern eine sehr abwechslungsreiche Landschaft. Jupiter wartete aber mit der größten Überraschung auf: am 7. Januar 1610 sah Galilei, dass er vier kleinere Sterne hatte, die ihn begleiteten. Nach und nach wurde klar, dass sie den Königsplaneten in verschiedenen Umlaufbahnen umrundeten.

Ein Geschehen, das ein Schlaglicht auf die Persönlichkeit des großen Astronomen wirft, trug sich fast zur gleichen Zeit in Mittelfranken zu. Einen Tag später als Galilei hatte in der Nähe von Ansbach Simon Marius sein Fernrohr auf den Himmel gerichtet und Jupiter mit zunächst drei seiner Monde beobachtet. Sein Hauptwerk *Mundus Jovialis* (Die Welt des Jupiter) publizierte er allerdings erst 1614. Jahre später wurde er von Galilei heftig kritisiert und es verwundert einen die außerordentliche Schärfe, mit der er ihn der Fälschung bezichtigte. Simon Marius war damit praktisch erledigt. Fast 300 Jahre brauchte es, bis Simon Marius wieder von der historischen Wissenschaft rehabilitiert wurde. Vielleicht lag

Galileis Empörung auch darin begründet, dass sich die Namensgebung des deutschen Astronomen nach einem Einfall von Johannes Kepler entgegen der seinen als »Mediceischen Gestirne« (benannt nach den Fürsten Medici, in deren Dienst Galilei stand) durchsetzte.[36] Ruhm und Ehre mit anderen zu teilen, war nicht die Sache Galileo Galileis.

Er beobachtete im folgenden Jahr nicht nur Jupiter, sondern auch die Sichelgestalt der Venus und die unregelmäßige Gestalt des Saturn. Seine Zeichnung des Ringplaneten sieht zwar einer Suppenschüssel mit Henkeln ähnlich, war aber gerade für die damaligen Besucher an seinem Teleskop sehr eindrücklich. Galilei wurde zu einem gefeierten und verehrten Mann, der die Gunst für sich zu nutzen wusste.

Die teleskopischen Beobachtungen brachten ihn dazu, das kopernikanische System als das richtige anzusehen. Dabei war er nicht der einzige Vertreter, der in Rom die Heliozentrik verteidigte. Der Karmelit P. Paolo Antonio Fantoni schrieb Anfang des Jahres 1615 an seinen Oberen P. Sebastiano Fantoni einen Brief, in dem er die Stellung der Sonne im Zentrum der Welt mit der Bibel für vereinbar erklärte. Sebastiano Fantoni holte sich Rat bei Kardinal Robert Ballarmin. Seine negative Antwort war eine Ermahnung an alle Anhänger des neuen Systems, die an Deutlichkeit nichts zu wünschen übrig ließ und für die Heliozentriker sehr enttäuschend war. Das einzige Zugeständnis bestand darin, dass man mit dem kopernikanischen System rechnen und mit ihm als Hypothese umgehen durfte. Ausdrücklich eingeschlossen in die Mahnung von Ballarmin war Galileo Galilei.

Der Versuch Galileis, im Frühjahr 1616 doch noch die kirchliche Anerkennung des heliozentrischen Systems zu erhalten, schlug fehl – und schlug ins Gegenteil um: Er wurde schriftlich darauf verpflichtet, in keiner Weise das Weltmodell des Kopernikus weiter zu verbreiten oder zu verteidigen. Galilei gehorchte also dem Befehl von Papst Paul V. – vorerst. Das Buch *De Revolutionibus* wurde, wie schon erwähnt, auf den Index gesetzt, was der Verbreitung des nicht einfach lesbaren Buches nur half.[37]

In den folgenden Jahren veränderte sich die politische Großwetterlage dramatisch: Der Dreißigjährige Krieg brach aus und zog weite Teile Europas in arge Mitleidenschaft. Im Oktober 1623 wurde Kardinal Maffeo Barberini zum Papst gewählt, der sich fortan Urban VIII. nannte. Mit ihm war Galilei schon seit Jahrzehnten freundschaftlich verbunden, und er hoffte wohl nicht zu Unrecht, sein präferiertes Weltmodell nun wieder verbreiten zu können. Er schrieb das Buch *Il Saggiatore* (Der Goldwäger), das von Kometen, Ebbe und Flut und von der Rolle der Mathematik in der Philosophie handelte, wobei hier unter Philosophie unsere heutige Physik zu verstehen ist und er im Grunde genommen eine der wichtigsten Grundlagen der modernen Naturwissenschaften formulierte: »Das Buch der Natur kann man nur verstehen, wenn man vorher die Sprache und die Buchstaben der Mathematik gelernt hat, in denen es geschrieben ist. Es ist in mathematischer Sprache geschrieben, und die Buchstaben sind Dreiecke, Kreise und andere geometrische Figuren, und ohne diese Hilfsmittel ist es menschenunmöglich, auch nur ein Wort davon zu verstehen.«[38] Damit machte er allerdings eine zweite Front bezüglich seiner Gegner in der römischen Kurie auf: die Gültigkeit der Naturphilosophie nach Platon und Aristoteles infrage zu stellen, die seit dem Mittelalter mit der Lehre der Kirche fest verbunden war.

Der Auslöser für den Prozess gegen ihn war dann sein neun Jahre später verfasstes Buch »Dialog über die beiden hauptsächlichen Weltsysteme«. Hierin zeigt er in einer wenig schmeichelhaften Vorgehensweise für die herrschende Lehrmeinung, dass ein einfacher Bauer besser über die Abläufe am Himmel Bescheid weiß als ein aristotelischer Gelehrter mit all seiner Weisheit. Zu allem Überfluss trug dieser Gelehrte, der die Argumente des Papstes in einer offensichtlich unterbelichteten Art und Weise vertrat, im Buch den Namen Simplicio. Kein Wunder also, dass er verklagt, verhört und dazu verurteilt wurde, dem Kopernikanischen System auf Knien abzuschwören. Das entschuldigt nicht das Vorgehen der Katholischen Kirche in dieser Zeit. Es ging den Würdenträgern weniger um die Natur der Welt oder um Fragen der Religion. Das war nur der äußere Mantel des Prozesses. Im Kern entschieden Machtfragen den Ausgang des Tribunals, die die Auseinandersetzungen der Kirche mit ihrem Einfluss in die damalige Welt hinein betrafen. Eine der Kirche und der Religion unwürdige Vorgehensweise.

Galileo Galilei wurde zu Hausarrest verurteilt, den er größtenteils in seiner eigenen Villa in der Nähe von Florenz verbrachte. Der Erzbischof von Siena wurde zum Wächter über Galilei bestellt. Er war einer seiner besten Freunde und Bewunderer. Zwar waren ihm weitere Veröffentlichungen nicht verboten, aber sein zweites Hauptwerk über die Wissenschaften, *Discorsi*, wurde zunächst in Straßburg und dann in Leiden veröffentlicht. Er starb Anfang 1642 in Arcetri und blieb bis zum Ende seines Lebens ein gläubiger Katholik und der Kirche verbunden.

Im Geschehen rund um den Prozess ging das eigentliche Anliegen Galileis, nämlich zwischen tradierter Religion und Philosophie einerseits und der neu entstehenden Naturwissenschaft andererseits zu vermitteln, komplett unter und es dominierten mehr die politischen Hintergründe. Sowohl in den gebildeten Kreisen als auch in der katholischen Kirche wurden Galilei, Kepler und Kopernikus dennoch weiter gelesen und studiert. Isaac Newton lieferte in den darauffolgenden Jahrzehnten die mathematische Theorie der Gravitation als Abschluss und Begründung des heliozentrischen Systems. Der wissenschaftliche Beweis erfolgte erst im Jahr 1725 durch James Bradley.

Dass das heliozentrische System spätestens seit Mitte des 17. Jahrhunderts auch im kirchlichen Bereich voll akzeptiert war, zeigt die Berechnung der Bahn des Uranus durch den Leiter der Sternwarte der Benediktinerabtei von Kremsmünster, P. Placidus Fixlmillner, im Jahr 1787.

Seine Positionsberechnungen für die einzelnen Tage waren wegen ihrer Genauigkeit bei den Astronomen seiner Zeit »äußerst hoch geschätzt«.[39]

Erst im 19. Jahrhundert wurde ein künstlicher Gegensatz von Wissenschaft und Glaube konstruiert, um sich seitens der Naturwissenschaft unabhängiger von den Repräsentanten des Glaubens und ihren Einflüssen zu machen. Dies geschah gerade mit Hilfe des »Falles Galilei«, der legendenhaft zum Naturwissenschaftler stilisiert wurde, der der Kirche zum Opfer fiel.[40] Der Ausspruch »und sie bewegt sich doch« oder »und sie dreht sich doch« stammt nicht von ihm. Man hat seinen Anspruch, eine vom Glauben unabhängige Naturwissenschaft zu begründen, geschickt im Kulturkampf vor allem gegen die katholische Kirche eingesetzt. Dafür war sie eine willkommene Zielscheibe, die durch ihren Kampf gegen den Modernismus der Zeit das ihre für den Erfolg dieser PR-Geschichte tat. Bis heute wird der »Fall Galilei« kontrovers diskutiert.

Galileo Galilei trat in seiner Zeit sehr selbstbewusst auf und war auf den eigenen Ruhm bedacht. Für seine philosophischen Überlegungen bekam er durchaus auch positive Signale von Freunden aus dem obersten Leitungskreis der Kirche. Die heute zugänglichen Akten und Hintergründe lassen auch den Eindruck entstehen, dass es sich hier eher um eine missglückte Beziehungsgeschichte von Galilei und den damaligen kirchlichen Oberen bis hin zu Papst Urban XIII. handelt. Dass Letztere ihren religiösen Anspruch mit weltlicher Macht sicherten, war falsch und letzten Endes nicht zielführend für ihre eigenen Interessen. Sie wollten sich während des Dreißigjährigen Krieges, der in Folge der Reformation im Norden Europas wütete, nicht gegen die Aussagen der Bibel stellen. Sie befürchteten eine Schwächung ihrer Position gegenüber den Protestanten, die auf die Bibel als Richtschnur pochten.

Das kirchliche Urteil gegen Galilei wurde auf Betreiben von Papst Johannes Paul II. im Jahre 1992 viel zu spät aufgehoben. Wohl auch deshalb ist der »Fall Galileo Galilei« noch immer nicht wirklich gelöst und lebt als Mythos weiter.[41] In diesem Sinne könnte ich auch von der Kirche mit etwas Selbstironie sagen: »und sie bewegt sich doch!«

Exkurs

Christlicher Glaube und Astrologie

Astrologie und Astronomie entstanden, wie wir oben gesehen haben, schon früh in der Geschichte der Menschheit. Die Beobachtung der Sterne, die Ableitung der Gesetze, nach denen sich die Objekte am Himmel bewegten, und die Deutung dieser Erscheinungen gingen Hand in Hand. Astrologie gehörte mit der Astronomie zu den Wissenschaften über die Natur. Allerdings darf man dabei nicht vergessen, dass in der Zeit vor Kepler, Galilei und Newton die Naturwissenschaften eine andere Vorgehensweise hatten und anders definiert wurden, als wir das heute kennen. Die Astrologie war als angewandte Erfahrungswissenschaft in praktisch allen Kulturkreisen anerkannt. Der offizielle Glaube spielte dabei eine untergeordnete Rolle. Denn die Sterne am Himmel folgten offensichtlich ihren eigenen Gesetzen.

Die Sterne gingen wie die Sonne im Osten auf und im Westen unter. Allerdings verschoben sie sich im Lauf eines Jahres gegenüber der Sonne, um nach einem Jahr wieder an ihrem Ausgangspunkt anzukommen. Sie waren dem Zugriff des Menschen entzogen, bewegten sich über ihn hinweg am Himmel. Das machte sie in gewisser Weise mächtiger, als wenn sie direkt greifbar gewesen wären. Die Sonne, der Mond und die Planeten bewegten sich über den Sternhimmel. Aus der Beobachtung der Natur war für die Menschen in den Anfangszeiten der Himmelsbeobachtung völlig klar: Wenn sich etwas bewegt, dann ist es lebendig und hat einen eigenen Willen. So mussten auch die beweglichen Lichter am Himmel lebendig sein, ihre eigenen Neigungen, Absichten und Pläne haben. Ob die Gestirne oder die Planeten Einfluss auf das irdische Geschick des Menschen hatten, und wenn ja welchen, wurde sehr unterschiedlich beurteilt. Waren bei den Ägyptern die Sterne für die Menschen wichtig, so waren es im Zweistromland eher die beweglichen Körper am Himmel: Mond, Sonne und Planeten.

Dabei gab es auch verschiedene Modelle der Astrologie und ihrer Bedeutung. Für den einzelnen Menschen wurde ein Horoskop als so etwas wie ein Ausweis seiner Persönlichkeit genutzt, um sich anderen gegenüber vorzustellen und sich zu charakterisieren. Die Geburtshoroskope der antiken Menschen können mit den virtuellen Visitenkarten in den heutigen sozialen Netzwerken verglichen werden. Man gab sich einen »kosmischen« Hintergrund, der eine Art Referenz über den Einzelnen darstellte. Er zeigte, wie man sich selbst sah und was man einem anderen von sich mitteilen wollte. Astrologie in ihrer einfachen Form funktionierte dann so: Ein dominanter Jupiter in Verbindung mit Regulus im Geburtshoroskop sollte einen herrschaftlichen Anspruch untermauern. Ein positiver Saturn zur Geburtsstunde half Kaufleuten, auf ihr kaufmännisches Geschick hinzuweisen. Mit einem dominanten Mars konnten dagegen Soldaten punkten. Ob das alles der Realität eines tatsächlichen Geburtshoroskops entsprach, war noch einmal eine ganz andere Frage. Viele wussten nicht einmal ihren Geburtstag, geschweige denn ihre Geburtsstunde, was beides die Grundlage jedes Horoskops bildet.

Diese Umstände galten aber nicht nur für Einzelpersonen. Auch Herrscher und Regierungen verschiedener Herrschaftsbereiche nahmen die Astrologie gerne in Anspruch, um mit ihrer Hilfe ihren Machtanspruch und Einfluss zu unterstreichen. So war die Astrologie im Römischen Reich ein wichtiger Baustein der Staatsräson. Das Erscheinen eines Kometen bei den Zirkusspielen, die zu Ehren von Julius Cäsar nach seinem Tod abgehalten wurden, war ein Beweis für seine Erhebung zu den Göttern. Kaiser Augustus hatte angeblich ein Muttermal, das das Sternbild des Großen Bären darstellte. Um zu zeigen, wie wichtig für ihn das Sternbild des Steinbocks für seine Regentschaft war – er hatte im Monat des Steinbocks die Kaiserwürde erlangt und erhielt dazu seinen Ehrennamen –, wurde es in seiner Zeit auf viele Münzen geprägt. Kaiser Augustus nutzte geschickt den Glauben des Volkes an astrologische Vorhersagen und ließ sein Geburtshoroskop veröffentlichen, das ihm die Weltherrschaft verheißen hatte.[42]

Das Christentum übernahm dagegen aus dem Judentum eine kritische Haltung gegenüber dem Glauben an die Macht der Sterne und damit auch gegenüber der

Astrologie. Sterne waren für sie keine Götter und sie hatten auch keine Macht über die Menschen. Paulus wird nicht müde, in seinen Briefen immer wieder darauf hinzuweisen, dass diejenigen, die an Jesus Christus glauben, nicht mehr unter dem Einfluss der »Mächte und Gewalten dieser Welt« stehen. Sie sind vielmehr frei von deren Einflüssen und haben nichts von ihnen zu fürchten. Augustinus beweist geradezu mit naturwissenschaftlicher Akribie in seinem Kommentar zum Buch Genesis, dass an der Astrologie nichts dran sein kann: Durch einfaches Vergleichen von Menschen mit gleicher Geburtsstunde könne jeder ersehen, wie verschieden sie im Charakter seien. Daher gäbe es keinen Einfluss der Sterne.[43] Die Kritik gilt einer Astrologie, die mit einer einfachen Berechnung der Stellung der Gestirne die Zukunft des Menschen vorhersagen will. Vor allem die Freiheit des Menschen war der wichtigste christliche Ankerpunkt, die Astrologie abzulehnen. Der Apostel Paulus wird in seinen Briefen nicht müde, darauf hinzuweisen, dass die Christen durch Jesus Christus von allen Mächten, Abhängigkeiten und Kräften der Welt befreit worden sind. Als Getaufter ist der Mensch frei und in keiner Weise festgelegt durch Konstellationen von Gestirnen in seiner Geburtsstunde oder während seines Lebens.

Jedoch blieb sowohl im Judentum als auch im Christentum die Astrologie populär, und trotz aller offiziellen Kritik der Gelehrten und Bischöfe wurde sie immer wieder gerne gerade von den Mächtigen und Regierenden aufgenommen. In der Unsicherheit des Lebens suchte man nach Orientierungshilfen und die Astrologie galt bis über die Renaissance hinaus als eine in der Naturwissenschaft angesehene Disziplin.

Ein Beispiel dafür mag das Horoskop der Großen Konjunktion von 1185 sein: Am 15. September 1186 versammelten sich alle mit dem bloßen Auge sichtbaren Planeten inklusive Sonne und Mond am Himmel in einem sehr eng begrenzten Areal im Sternbild der Jungfrau. Zwar fand das Ereignis am Taghimmel statt, sodass es von niemandem beobachtet werden konnte, aber die Astronomen hatten genug Wissen, um es zu berechnen. Jahre zuvor kursierten sowohl in der christlichen als auch in der islamischen Welt Horoskope zu diesem Zusammentreffen der beweglichen Himmelskörper. Darin wurde ein großer Sturm vorhergesagt, der alles zerstören sollte, da es im astrologischen Tierkreiszeichen der Waage stattfand: Die Waage ist ein Tierkreiszeichen, das der Luft zugeordnet ist, daher wurde ein Sturmereignis prognostiziert.

Es geschah aber infolge der Versammlung aller Planeten, Sonne und Mond am Himmel nichts auf der Erde – außer vielleicht, dass sich viele von den falschen Prophetien beeinflussen ließen und Hab und Gut verloren in sinnlosen Sicherungsmaßnahmen oder gar dem Verkauf ihres gesamten Besitzes. In den folgenden Jahrhunderten wurde dieses Horoskop immer wieder neu verbreitet, »das immer wieder für den September in acht Jahren dieselbe Sternkonstellation ankündigte, die doch nicht stattfinden konnte«[44]. Damit wurde eine endzeitliche

Stimmung erzeugt, die dem Kaiser eine besondere Stellung verlieh. Seltsamerweise wurden diese Vorhersagen niemals angezweifelt – oder gingen die Menschen damit vielleicht in einer ähnlichen Weise um, wie sie es heute tun, wenn die Boulevardpresse mit Schreckensmeldungen aus dem All aufwartet, was eher in die Kategorie »gruselige Unterhaltung« fällt?

Neigt man dazu, den Umfragen in der heutigen Zeit zu trauen, so glaubt etwa ein Viertel aller Menschen an die Vorhersagen der Astrologie. Trotz aller naturwissenschaftlichen Bemühungen fanden sich keinerlei Beweise für ihre Gültigkeit. Astrologie und ihre Theorie ist in diesem Sinn naturwissenschaftlich »falsifiziert«. Nach wie vor erhoffen sich dennoch viele Menschen hilfreiche Aussagen und Hinweise für ihr Leben aus der Deutung der Stellung der Sterne und der Planeten

Über die Macht der Sterne hat einer meiner astronomischen Freunde einmal augenzwinkernd Folgendes gesagt: »Die Macht der Sterne – gibt es so etwas? Ja, klar! Wenn ich am Abend die Sterne sehe, dann packt mich eine tiefe Sehnsucht. Es weiten sich die Pupillen meiner Augen, es kribbelt in meinen Fingerspitzen und meine Füße müssen sich in Richtung Teleskop in Bewegung setzen. Alles gerät in mir in Aufruhr und meine innere Unruhe legt sich erst, wenn ich durch das Okular in die Sterne schauen und den Blick ins Weltall genießen kann!«

4

Evolution des Kosmos als Schöpfung

Die schönste Geschichte der Welt

Die Astrophysik hat in den letzten Jahrzehnten die Entwicklung des Kosmos mit ihren Mitteln nachzeichnen können. Dies war mit den Jahren in immer genauerer und detaillierter Weise möglich, sodass man heute von einem »Standardmodell der Kosmologie« sprechen kann. Es gibt viele Hinweise, dass dieser zunächst in der Theorie abgeleitete und dann mit Beobachtungen bestätigte zeitliche Ablauf eines sich immer weiter entwickelnden Kosmos als richtig anzunehmen ist. In einer französischen Veröffentlichung wurde dies zu recht als »Die schönste Geschichte der Welt«[45] betitelt. Astrophysiker Hubert Reeves, der Biologe Joël de Rosnay und der Paläontologe Yves Coppens beschreiben auf Nachfrage des Journalisten Dominique Simonnet kreativ und packend den Kenntnisstand der Naturwissenschaften zur Entstehung unserer Welt.

Damit wird eine naturwissenschaftliche Antwort auf grundlegende Fragen unseres Menschseins versucht: Woher kommen wir? Wohin gehen wir? Allerdings tun die Autoren dies nicht in einer trockenen Abhandlung, die in der Physik, Chemie, Biologie und Mathematik eine große Rolle spielen. Im Gegenteil: Dominique Simonnet gelingt es, seine Interviewpartner mit einfachen Fragen zu einer unterhaltsamen und faszinierenden Erzählung zu motivieren – Naturwissenschaft als eine Art moderne Erzählung der Schöpfungsgeschichte unserer Welt! Eine verständliche Darstellung sehr komplexer Forschungsergebnisse, die nach wie vor in ihren einzelnen Details wenig verstanden sind. Oft ist es für die Forscher einfacher, den großen Bogen zu erkennen als die einzelnen Schritte in der Entwicklung der Natur. Ob es die Entstehung der Sterne ist oder die noch ungeklärten Schritte zum Leben auf der Erde – die Details bereiten den Forschern oft die meisten Probleme im Verständnis der jeweiligen Abläufe. Dennoch oder gerade dadurch kommt man aus dem Staunen über die »schönste Geschichte der Welt« nicht mehr heraus.

Der Titel dieses Interviews spricht die ästhetische Dimension der Entwicklung des Kosmos an: Die Erzählung ist mehr als schön. Und nicht nur deshalb, weil der Mensch am Ende dieser Geschichte steht. Auch in anderer Hinsicht gehen die Interviewpartner immer wieder über die rein naturwissenschaftliche Perspektive hinaus: In Bezug auf die zeitliche Dimension ist die Rede vom »Ursprung der Ursprünge«. Und in der fachlich fundierten Nacherzählung der Entstehung des Universums zeigen sich weitere Aspekte, die einen rein naturwissenschaftlichen Rahmen sprengen. Die ganzheitliche Dimension der Entwicklung der Welt kommt zur Sprache und nicht nur vereinzelte Fakten, die unverbunden nebeneinander stehen bleiben. Ihre Verknüpfung und ihre Beziehung untereinander wird immer wieder in den Mittelpunkt gerückt.

Letzten Endes kann eine umfassende Darstellung der Entwicklung unseres Universums nur gelingen, wenn auch die Dimension der Schönheit, wenn die Merkwürdigkeiten des ganzen Prozesses, seine Kreativität und die vielfältigen Beziehungen des Geschehens beachtet werden. Dabei hilft uns das Staunen über die Vorgänge in eine tiefere Sinndimension hinein.

Im Folgenden möchte ich den Schwerpunkt auf die astrophysikalische Seite der Entwicklung des Universums legen. Es soll aber keine Engführung sein. Wir könnten ebenso mehr die biologische oder kulturelle Evolution in den Mittelpunkt stellen und kämen in einer ähnlichen Weise nicht aus dem Staunen heraus.

Die Astrophysiker beschreiben das Werden unserer Welt mit dem schon erwähnten kosmologischen Standardmodell, das zusammen gesehen ein großes Gebäude von ineinandergreifenden Theorien darstellt. Für mich ist es auch eine naturwissenschaftliche Erzählung, die mir zwar im Gewand der Naturwissenschaft entgegenkommt, aber letztlich doch mehr ist als eine Ansammlung von Formeln und Gesetzen. Wenn ich diese »Erzählung« des Urknalls auf mich wirken lasse, dann ist die erste Verwunderung für mich die Entstehung aller raumzeitlicher, energetischer und materieller Realität aus einem kleinsten Punkt heraus, der, ausgestattet mit ungeheurer Energie, anfing, sich auszudehnen. Die Gründe dafür sind unklar. Warum ist nicht »nichts«, sondern ein Weltall da, das sich mit der Zeit verändert, sich zu immer höheren und komplexeren Formen entwickelt hat und damit bei Weitem noch nicht am Ende ist? Man kann dies achselzuckend zur Kenntnis nehmen. Für mich ist es das grundlegende Wunder des Daseins unserer Welt: dass sie überhaupt ist.

Nach einer Phase überschneller Ausdehnung, die als »Inflation« bezeichnet wird, bricht die anfängliche Symmetrie (bis dahin unveränderte Einheit) im Universum, und die vier Grundkräfte von Starker Kernkraft, Schwacher Kernkraft, der Gravitation und der Elektromagnetischen Kraft erscheinen. Sie werden als einzelne Kräfte sichtbar und wirksam. Weiter entstehen aus der Energie des Urknalls innerhalb der ersten Sekundenbruchteile die ersten Elementarteilchen, die die Bausteine für die Atomkerne liefern: Protonen und Neutronen. Kurze Zeit später bricht nochmals eine fundamentale Einheit des Anfangs, dieses Mal auf der Ebene der Materie: Bei der Umwandlung von Energie in Materie bleibt bei der Bildung von einer Milliarde »normalen« Materieteilchen und ihrer Anti-Materieteilchen ein »normales« Materieteilchen zurück. Der größte Teil zerstrahlt wieder in Energie, die in Form von Photonen auch heute noch das Weltall durchziehen. Es bleibt ein sehr geringer und doch genügend großer Teil an Materie übrig, um den materiellen Kosmos zu bilden. Für mich ist der leichte Überhang »normaler« Materie gegenüber der Antimaterie eines der Wunder bei der Entstehung des Kosmos, dessen naturwissenschaftliche Grundlage vielleicht schon bald geklärt werden kann und doch jenseits einer wissenschaftlichen Aufklärung wunderbar bleibt.

Eine weitere Merkwürdigkeit unserer Welt wird bei der Entkopplung der schon erwähnten vier Grundkräfte sichtbar: die sehr feine Abstimmung von Naturkonstanten, die die Physiker nur zur Kenntnis nehmen und immer genauer vermessen können. Die Konstanten sind einfach da, sie werden in den Naturgesetzen essenziell gebraucht, um zuverlässige Berechnungen durchführen zu können. Ob es die Konstante für die Gravitation ist, die Konstante für die Kernkräfte in den Atomkernen oder ob es sich um die elektromagnetische Felder handelt – es gibt etwa 40 Konstanten in der Physik, die nicht verändert werden dürfen, soll unsere physikalische Welt weiterhin funktionieren. Schon kleinste Abweichungen bei den Naturkonstanten hätten bewirkt, dass das ganze Weltengebäude von Anfang an schneller in sich zusammengefallen wäre als jedes Kartenhaus. Von allem Anbeginn her ist die Natur sehr genau in ihren Einzelteilen darauf abgestimmt, dass es das Universum überhaupt gibt! In seiner konkreten Erscheinungsform ist es sehr genau vorherbestimmt und mit einem genialen Schuss Zufall versehen worden. Einerseits sind die Grundbedingungen exakt festgelegt, andererseits aber dadurch nicht schon alle Abläufe und alle Geschehnisse für alle

Zeiten vorherbestimmt. Im Gegenteil! Es gibt einerseits die nötigen, zuverlässigen und streng geltenden Naturgesetze mit ihren jeweiligen Konstanten und andererseits ausreichend Spielraum für Neues, Abweichendes und Unvorhersehbares. Der Zufall gehört zwingend dazu.

Ein Teil der Theorie vom Werden unseres Kosmos beschreibt in der weiteren zeitlichen Entwicklung die sogenannte Nukleosynthese: die Bildung der Atomkerne als materieller Ausgangsstoff für das Universum. Aus den Protonen (Kerne des Wasserstoffs), die beim Übergang von Energie zu Materie übrig blieben, entstanden in einer ersten Kernfusion andere Elemente. In der Hauptsache waren dies Helium und auch etwas Lithium. Diese sehr heiße Phase, in der alle Materie so eng zusammen war, dass sie miteinander reagieren konnte, durfte nicht sehr lange dauern, denn sonst wäre aus dem Wasserstoff des Anfangs alles in Helium, Lithium oder in weitere Elemente fusioniert. Da sich aber das Universum rasend schnell ausdehnte, kühlte es sich auch proportional dazu in sehr schnellem Tempo ab. So kam die Bildung neuer Atomkerne durch Fusion nach kurzer Zeit wieder zum Erliegen. Durch diesen Vorgang wurden die Ausgangsstoffe Wasserstoff und Helium für die ersten Sterne geschaffen, aus denen sie Millionen Jahre später entstehen und gleichzeitig ihren Brennstoffvorrat beziehen konnten.

Die bis hierher geschilderten Vorgänge fanden nach den naturwissenschaftlichen Modellen innerhalb der ersten drei Minuten unseres Universums statt in einer maximalen Bündelung von Energie und Kreativität. Wenn ich diese ersten Minuten auf mich wirken lasse, dann ist es eine sehr faszinierende Geschichte, die mir die Naturwissenschaft über unseren Kosmos erzählt!

Nach der Bildung der ersten Elemente war die Materie mit der Strahlung in einem Plasma gekoppelt, das heißt: Atome und Strahlung waren zunächst undurchsichtig. Es ist wie eine Art »Feuerwand« des Anfangs, hinter die kein Teleskop sehen kann. Es dauerte etwa 380 000 Jahre, bis das Universum aufgrund des Absinkens der Temperatur »durchsichtig« wurde. Alles, was davor liegt, ist der direkten Beobachtung prinzipiell unzugänglich. Das wiederum bedeutet, dass die Astronomen erst nach diesem Zeitpunkt beobachtbare Informationen aus dem Universum erhalten können. Weiter in die Vergangenheit können sie nicht zurückblicken. Es ist die sogenannte Hintergrundstrahlung des Himmels, die in jede Richtung beobachtbar ist und so etwas wie den Fingerabdruck der ersten Entwicklungsschritte unseres Universums liefert – eine der wichtigsten Messungen, welche die Physiker so sicher sein lässt, dass ihre Theorie des Anfangs stimmt. Diese Strahlung am Hintergrund des Himmels wurde erst in den 60er-Jahren entdeckt, nachdem sie 20 Jahre zuvor aus Berechnungen von Physikern gefordert wurde. Mittlerweile ist sie mit höchster Präzision und Winkelauflösung vermessen worden, da ihre genaue Gestalt viel über die Prozesse des Anfangs berichtet und somit die theoretischen Modelle der Physiker praktisch überprüfbar macht.

Und noch ein weiterer, für die Naturwissenschaften wichtiger Baustein zeigt sich im Rückblick auf den Urknall vor über 13 Milliarden Jahre: Es sieht alles danach aus, dass die Naturgesetze in allen Teilen und zu allen Zeiten in der gleichen Art und Weise gelten. Hier scheint es keine Veränderung gegeben zu haben, auch wenn sich die Gestalt des Universums völlig verändert hat.

Nach der Entstehung des »Baby-Universums« waren Raum, Zeit und die Möglichkeit vorhanden, dass sich erste Sterne aus Wasserstoff- und Heliumgas bildeten. Wie diese Prozesse genau abliefen, ist noch nicht in allen Schritten bekannt. Vereinfacht gesagt kollabierten Gaswolken unter dem Einfluss ihrer eigenen Schwerkraft und zogen sich mehr und mehr zusammen. Dabei wurden sie immer kleiner und heißer, und irgendwann zündete in ihnen die Kernfusion. Es ist die gleiche Form der Energieproduktion, wie sie in den Sternen abläuft. Mit ihnen gelangt die für uns auch heute noch sichtbare Schönheit des Nachthimmels ins Universum – kaum ein Mensch, der sich der Ästhetik eines von Sternen übersäten Himmels entziehen kann!

Über die Größe der ersten Sterne wird noch spekuliert. Wahrscheinlich waren sie sehr massereich. Man geht vom Hundertfachen und mehr unserer Sonne aus. Sterne, die sehr groß sind, gehen »verschwenderisch« mit ihrem Vorrat an Brennstoff um. Daraus folgt, dass sie astronomisch betrachtet nur ein sehr kurzes Leben haben. Unsere Sonne hat eine »Lebenserwartung« von etwa 10 Milliarden Jahren. Bei sehr großen Sternen beträgt diese nur wenige Millionen Jahre. Zudem steht an ihrem »Lebensende« eine riesige Explosion. Sie geben die Materie, die in ihnen enthalten war, wieder ins Weltall zurück. Neben Wasserstoff und Helium sind aber weitere, neue Elemente hinzugekommen: Beryllium, Sauerstoff, Stickstoff, Kohlenstoff und Eisen.

Bei der Fusion von Wasserstoff zu immer schwereren Elementen, also der Energieproduktion innerhalb des Zentrums eines Sternes, kommt es zu einer ganz eigenen »Resonanz«: Die Entstehung von Kohlenstoff wird durch die Natur extrem gefördert. Eigentlich müssten andere Elemente den Vorzug bekommen und den Kohlenstoff dürfte es nur als Spurenelement in den Sternen geben. Durch die Kernbindungskräfte und ihre Konstanten wird aber die Bildung des Kohlenstoffs befördert, den wir zum Leben brauchen und ohne den es keine weitere chemische und vor allem biologische Evolution gegeben hätte. Ein naturwissenschaftliches Faktum, das zum Staunen anregen kann. Unser Kosmos ist darauf angelegt, genügend Kohlenstoff, Sauerstoff und für das Leben notwendige Elemente zu produzieren und macht es dadurch erst möglich!

Doch zurück zum Eisen: Im Kern eines Eisenatoms wird die Bindungsenergie maximal und es kann aus diesem Element keine weitere Energie durch Fusion gewonnen werden. Deshalb explodiert oder besser implodiert auch der Kern eines Sterns, wenn er durch immer weitere Fusion in seinem Inneren beim Eisen angelangt ist. Dem von außen einwirkenden Druck durch die Schwerkraft der Sternmaterie kann kein Gegendruck mehr durch Strahlung aus dem Zentrum entgegengesetzt werden. Es kommt zunächst zu einer Bewegung nach innen. Doch dort ist sehr schnell kein Platz mehr für die ankommende Materie, da die bereits vorhandene nicht mehr weiter komprimiert werden kann. Es kommt daher letztlich zu einer Explosion nach außen, die im Detail von sehr komplexen Prozessen getrieben wird. Alle schwereren Elemente als Eisen, wie zum Beispiel Gold, Platin, Blei, Uran, entstehen bei diesen riesigen Explosionen. Ohne Supernovaexplosionen wären unsere Goldschmiede arbeitslos!

Aus den dann wieder vorhandenen Gaswolken im interstellaren Raum entstehen neue Sterne. Darin ist nun aber die wichtige »Sternasche« enthalten: die schwereren Elemente jenseits des Wasserstoffs und des Heliums vom Anbeginn. Ohne das Werden und Vergehen von Sterngenerationen würde es auf unserer Erde kein Leben geben. Doch dazu waren noch viele Zwischenschritte notwendig: Nach der ersten physikalischen Evolution von Energie zu den ersten Atomen und der Entwicklung hin zu immer schwereren Atomkernen setzte genau damit eine chemische Evolution ein: Erste Moleküle bildeten sich in allen möglichen Verbindungen. Selbst komplexere chemische Verbindungen können in den Gaswolken unserer Milchstraße entdeckt werden. Darunter sind schon die Bausteine des Lebens zu finden: einfache organische Verbindungen und Säuremoleküle sowie Aminosäuren. Die chemische Evolution scheint darauf ausgerichtet zu sein, so bald als irgend möglich die Grundbausteine des Lebens zur Verfügung zu stellen. Daneben entsteht in dieser Phase auch ein weiterer wichtiger Grundstoff: Staub in allen Variationen und Größen, der sich durch die Wirkung der Schwerkraft immer mehr zusammenballt und so zum Bausteinen der Planeten heranwachsen kann.

Nach heutigem Stand ist bei der Bildung der großen Strukturen im Universum, der Galaxien, Galaxienhaufen und Super-Galaxienhaufen, eine Art von Materie beteiligt, die die Physiker nur aufgrund der Wirkung ihrer Schwerkraft nachweisen können. Aus den Bewegungen in den Galaxien und der Galaxien auf großen Skalen lässt sich ableiten, dass da noch »etwas« vorhanden sein muss. Man spricht auch von »kalter, dunkler Materie«. Über ihre Natur kann derzeit nur spekuliert werden. Auch über die sogenannte »dunkle Energie«, die den Kosmos in eine expandierende Bewegung treibt, ist so gut wie nichts bekannt, außer dass sie beobachtbar ist. »Dunkle Materie« und »Dunkle Energie« sind zwei der wichtigsten und rätselhaftesten Themenfelder für die Kosmologen, die in den nächsten Jahrzehnten noch zu bearbeiten sind. Heute beträgt die von uns aus beobachtbare Größe unseres Universums etwa 13 Milliarden Lichtjahre. Das Alter unserer Welt wird auf 13,7 Milliarden Jahre geschätzt. Die Gesamtgröße des Kosmos beträgt mehr als 50 Milliarden Lichtjahre. Der Großteil unseres Weltalls liegt also für uns hinter dem sogenannten Ereignishorizont, der in der Relativitätstheorie beschrieben wird. Hinter ihn können wir aus physikalischen Gründen nicht blicken.

Verständlicher wird das Geschehen in wesentlich kleineren Maßstäben in unserer eigenen Galaxie. Zum Beispiel das Sonnensystem mit unserem Heimatplaneten: Die Erde entstand mit unserer Sonne vor etwa fünf Milliarden Jahren. Die Sonne ist ein ganz durchschnittlicher Stern, nicht besonders groß oder klein, von denen es Abermillionen alleine in unserer Galaxie gibt. Ein besonderer Fall ist in gewisser Weise die Umlaufbahn und die Größe der Erde, denn sie lässt die Entstehung und die Entwicklung des Lebens über einen längeren Zeitraum von Milliarden Jahren zu.

Die Besonderheit dabei ist die Anwesenheit unseres nächtlichen Begleiters am Himmel: der Mond. Er stabilisiert die Erdbahn auf eine sehr entscheidende Weise. Ohne ihn würde die Erde mehr oder weniger um die Sonne torkeln. Der Mond hält die Erde auf einem sehr stabilen Kurs.

Entstanden ist er nach einer gängigen Theorie in der Frühphase unseres Sonnensystems, als bei einer Kollision ein großer Körper die noch glutflüssige Erde traf. Aus dem wieder von der Erde ins Weltall geschleuderten Material ist unser heutiger Mond geworden, der seither die Erde auf ihrer Reise um die Sonne begleitet.

Dass sich überhaupt Leben entwickelt hat, ist mit großer Wahrscheinlichkeit der vulkanischen Aktivität auf der noch jungen Erde zu verdanken. Die Annahme, dass sich die ersten organischen Substanzen in der Nähe von heißen, vulkanischen Erdspalten im Meer zu sich selbst reproduzierenden Lebewesen verbanden, ist durchaus plausibel. Ähnliches ist heute noch beobachtbar, auch wenn man die Entstehung von Leben weder direkt beobachten noch im Labor wiederholen oder nachstellen kann.

Das Leben selbst ist für mich eines der größten Wunder auf unserer Erde: wie es fast zwangsläufig entstehen musste aus der Physik und Chemie des Anfangs, mit welcher Zähigkeit es sich auf unserer Erde über die Jahrmilliarden gehalten hat und in welcher Vielfalt und Komplexität es heute die Erde bevölkert. Das geschah allen Widerständen zum Trotz. Es gibt letzten Endes kaum einen Winkel der Erde, an dem es keine lebendigen Organismen gibt. Die ganze Erde ist von Leben erfüllt.

Die Entwicklung des Kosmos kann vom Glauben her als eine wunderbare Schöpfungsgeschichte verstanden werden. In der biblischen Erzählung davon zeigt sich mir als gläubigem Menschen, wie Gott sich der Naturgesetze bedient hat, um alles ins Dasein zu bringen. Dabei öffnet die Entwicklung zu immer neuen und höheren Stufen des Lebens einen Weg zu einer Zusammenschau im Glauben. Es entsteht wirklich Neues in der Evolution des Universums. Dazu ist diesem sich entwickelnden Kosmos ein Ziel mitgegeben worden, das er im Lauf der Zeit auch erreichen wird. So ist Gott Ausgangspunkt und Vollendung seiner Schöpfung, die er in ihrer Entwicklung begleitet und antreibt.

Schöpfungsgeschichten der Bibel

Den Autoren der Bibeltexte geht es nicht um naturwissenschaftliche Vorgänge. Sie beschreiben vielmehr die Erfahrungen, die Menschen immer wieder gemacht haben und aus der sie die Erkenntnis gewonnen haben, dass es eine Beziehung zwischen Gott und Mensch gibt, zwischen Schöpfer und Geschöpf, zwischen den Menschen untereinander und zu der Schöpfung, die sie umgibt. Sie fragen nach dem Wesen Gottes, des Menschen und der Natur.

Die Bibel möchte uns im Buch Genesis etwas anderes an die Hand geben als einen sachlich-naturwissenschaftlichen Bericht über die Entstehung der Welt. Schon die beiden ersten Kapitel zeigen uns das auf ihrer inneren Ebene: Im sogenannten ersten Schöpfungsbericht (Gen 1,1–2,3) wird Gott, hier *Elohim* genannt, in einem Schöpfungslied besungen. Die einzelnen Strophen enden mit einem wiederkehrenden Refrain: »Es wurde Abend, es wurde Morgen ...« Das Entstehen der Welt wird in sieben Schöpfungstagen beschrieben. Hier ist Gott der Schöpfer, der alles durch sein Wort innerhalb dieser sieben Tage ins Dasein ruft. Immer wieder stellt Gott fest, dass es »gut war«, was er erschuf.

Im Verlauf des zweiten Kapitels des Buches Genesis (Gen 2,4–25), besser bekannt als die Erzählung vom Paradies, findet sich dann der hebräische Gottesname *Jahwe*. Er ist in dieser Geschichte der Handelnde. Die

Gestalt des Textes ist eine andere als in Genesis 1: Es wird nicht von sieben Tagen Schöpfung berichtet beziehungsweise gesungen, sondern diese Erzählung ist viel mehr auf den Menschen und auf seine Stellung in der Welt hin zentriert. Es geht um die Erfahrung, dass sich der Mensch auf der Erde wiederfindet und mit welchen grundlegenden Problemen er hier konfrontiert ist.

Auffällig ist, dass beide Texte auf der rein sachlichen Ebene nicht harmonisiert werden können, dazu sind sie zu verschieden, zum Teil widersprüchlich: In der zweiten Erzählung schafft Gott zum Beispiel den Menschen aus dem feuchten Lehmboden, und das gleich zu Beginn. In der ersten Schöpfungserzählung dagegen muss das Menschengeschlecht bis ans Ende des sechsten Tages warten, bis es auf der Erde erscheinen darf, dann aber gleich als Mann und Frau und nach Gottes Ebenbild. Solche Widersprüche waren den Menschen, die die Bibel zusammenstellten, jedoch kein Grund, nicht beide Texte nebeneinander stehen zu lassen. Im Gegenteil: Beide Texte erzählen von der grundlegenden Wahrheit, wie die Schöpfung von Gott her ist und wie der Mensch sich in der Schöpfung damals wiedergefunden hat und auch noch heute in ihr wiederfindet.

Gott ist derjenige, der die Welt erschafft, wie nur er es »machen« kann: Das Verb *barah* für »erschaffen«, das hier gebraucht wird, wird in der Bibel nur für Gott verwendet. Und bei all dem Guten, das dem Menschen in der Schöpfung begegnet, hat er trotzdem den Eindruck, dass er ein aus dem Paradies Vertriebener ist, der die Einheit mit der Natur und mit Gott verloren hat aufgrund der Kenntnis, die er von der Welt mit ihrem Werden und Vergehen erworben hat.

Die Bibelwissenschaften haben in den letzten Jahrzehnten wichtige Einsichten über das Entstehen beider Texte gesammelt:

Das erste Kapitel ist der zeitlich jüngere Schöpfungsbericht. Er ist in der Zeit entstanden, in der die Juden in Babylon im Exil weilten: fern der Heimat, als Gefangene, als Sklaven in einer fremden Kultur. Er will die Größe Gottes besingen und ist in diesem Sinn als ein Kontrastprogramm zu den Schöpfungserzählungen der Babylonier der damaligen Zeit zu verstehen. Das heißt: Die Welt ist nicht aus irgendeinem Götterkampf, einem göttlichen Unfall oder anderem Zufall entstanden, sondern aufgrund des guten Willens Gottes, der sie auf unvergleichliche Weise schuf.

Der zweite, viel ältere Text will erklären, welche Stellung der Mensch in der Welt hat, in der er sich selbst wahrnimmt. Weshalb also nicht alles gut ist und weshalb der Mensch selbst nicht immer gut ist. Weshalb er nicht mehr im Paradies lebt, sondern im Schweiß seines Angesichts sein Brot verdienen und essen muss. Die Erzählung vom Sündenfall erklärt auf einer tieferen Ebene die Dynamik menschlichen Handelns, das durch die verschiedensten Motive in die Irre gehen kann. Der Mensch als Geschöpf kann sich fühlen wie Gott und stürzt durch diese Hybris in sein Verderben. Wenn der Mensch wie Gott sein will, dann ist es um ihn geschehen.

Beide Schöpfungserzählungen sind keine naturwissenschaftlichen Beweisführungen, wenn sie auch Anklänge aus dem Wissen über die Natur der damaligen Zeit aufgenommen haben. Beide Geschichten erzählen uns aber tiefere Wahrheiten über die Schöpfung und ihr Gutsein, jedoch auch über die Gefährdung des Menschen durch sein Tun und Lassen. Ihm ist die Schöpfung von Gott anvertraut, damit er sie hegt und pflegt.

Die Texte erzählen uns auch von Gottes Wesen, von Erfahrungen, die der Mensch mit ihm gemacht hat: Gott ist schon vor aller Schöpfung da, außerhalb von Raum und Zeit; er ist ein einziger Gott, außer ihm gibt es keine weiteren Götter oder auch Urheber der Welt. Er hat alle Möglichkeiten, was er will, das vollbringt er mit seinem machtvollen Wort, das auch das Chaos des Anfangs zu ordnen wusste. Gott liebt das Leben und er überlässt es auch nach der Erschaffung nicht einfach seinem Schicksal. Vielmehr will er eine lebendige Beziehung zu seinen Geschöpfen und geht ihnen auch dann noch nach, wenn sie sich vor ihm verstecken. Gott schützt gerade das gefährdete, ja das mit Mord und Todschlag beschwerte Leben und will es retten vor Untergang und Verderben.

Das heutige Standardmodell der Entstehung des Kosmos und auch die Evolutionstheorie sind Theorien, die sachliche Zusammenhänge thematisieren und nach physikalischen Ursachen und Wirkungen fragen. Der Bibel geht es dagegen um die Verfasstheit und um das Wesen der Dinge und des Menschen. Gott »erschafft« in einer Weise, die nicht von dieser Welt ist. Niemand anderes handelt so, wie es die Bibel von Gott erzählt. Damit wird auch klar, dass Gott kein Teil einer naturwissenschaftlichen Theorie sein, noch dass sein Handeln gegen Naturgesetze ausgespielt werden kann. Sein Handeln geht über die sichtbare Welt hinaus und ist *vor* allem Sichtbarem, Messbarem und Berechenbarem. Es ist die Bedingung der Möglichkeit, dass überhaupt etwas ist, dass Naturgesetze existieren, nach denen sich ein Kosmos in der heutigen Gestalt entwickeln konnte. Somit erzählt die Bibel beziehungsweise die Schöpfungsgeschichte etwas über die Größe Gottes und sein Handeln als Grundlage zur Entstehung der Welt.

Über die ersten beiden Kapitel hinaus gibt es noch zahlreiche andere Texte in der Bibel, die Motive aus der Schöpfungsgeschichte aufnehmen, manchmal bis zur Wortwahl und Satzgestaltung, wie in der Erzählung über die Sintflut, die Arche und Gottes Bund mit Noah erkennbar wird: Zwar geht die bestehende Welt aufgrund der Bosheit der Menschen in der großen Flut unter, aber sie wird von Gott her neu geschaffen und steht unter seinem großen Segen, dem Bund Gottes mit den Menschen.

Auch in den Psalmen wird immer wieder von der Schöpfung und der Stellung des Menschen in ihr gesungen. Aber nicht nur hier finden sich Lieder zur Schöpfung. Im Buch der Sprichwörter (8,21–31) berichtet ein Hymnus über die Weisheit, dass sie von Anfang an da war und vor Gott spielte, lachte, scherzte und tanzte. Der Text ist eine Variation zum ersten Schöpfungsbericht, der spielerisch-kreative Elemente etwas deutlicher betont. Im Buch Hiob gibt es nach der langen kontroversen Auseinandersetzung darüber, weshalb Unheil in der Welt geschieht und Gott dies zulässt (auch und gerade an gerechten Menschen) einen grandiosen Text über die Größe, Weite und Schönheit der Schöpfung (Hiob 38–41). Am Ende legt Hiob die Hand auf seinen Mund und schweigt über die geschaute Erhabenheit Gottes und sein Wirken in der Schöpfung. Sein Fragen erhält auf einer höheren Ebene eine Antwort, die nicht mehr in Worte zu fassen ist.

Kaum auslotbar in seiner ganzen Tiefe ist der Prolog des Johannesevangeliums: »Im Anfang war das Wort, und das Wort war bei Gott, und das Wort war Gott. Im Anfang war es bei Gott. Alles ist durch das Wort geworden, und ohne das Wort wurde nichts von allem, was wurde. In ihm war das Leben, und das Leben war das Licht der Menschen. Das Wort war das wahre Licht, das jeden Menschen erleuchtet: Es kam in die Welt« (Joh 1,1–14). Die Parallelität zur Genesis drängt sich schon mit den ersten Worten auf: »im Anfang«. Der Bogen wird ganz bewusst von den ersten Sätzen der hebräischen Bibel auf Jesus Christus hin gespannt. Er ist das Wort, das Gott gesprochen hat im Anfang der Welterschaffung. Er ist das Wort, in dem Gott sich selbst ausspricht und durch das alles erschaffen wurde. Aber der Text will noch viel mehr sagen: Er ist das Licht der Menschen, das heißt, dass er auch heute, jetzt bei ihnen ist und ihnen leuchtet. Schöpfung, Menschwerdung Gottes ist nicht etwas, das in der Vergangenheit, »im Anfang« oder vor 2 000 Jahren stattgefunden hat und damit beendet ist. Es wirkt auch heute nach im Handeln Gottes durch den Heiligen Geist. Licht und Leben, das will Gott in seinem Sohn Jesus Christus den Menschen schenken.

Auch die Briefe des Neuen Testaments nehmen das Bild des Lichts als Bild für Gott und für Jesus Christus auf. Die christliche Tradition hat es in ihren Hymnen und Liedern immer wieder aufgenommen. Viele der alten Texte singen vom Schöpfer des Lichtes, der selbst Licht ist. Sie bringen Gott als das ungeschaffene Licht, aus dem Leben hervorgeht, zum Klingen. So bekennt das Große Glaubensbekenntnis der Kirche Jesus Christus als »Licht vom Licht, wahrer Gott vom wahren Gott«.

Allzu einfache Wege führen in die Irre

Immer wieder wird ein Widerspruch zwischen der naturwissenschaftlichen Sicht der Entwicklung des Kosmos und der Bibel konstruiert. Vor allem zwei Perspektiven oder Strömungen verfolgen diese These: fundamentalistische Atheisten, die nachweisen wollen, wie falsch die Bibel ist, und gläubige Fundamentalisten, die meinen, dass die Bibel buchstäblich zu verstehen ist und die Naturwissenschaft falsch liegt mit ihren Theorien.[46] Wenn ich allerdings die Bibel ernst nehme und sie im Sinn ihrer Autoren lese und begreife, dann entbehren die genannten Deutungsmuster jeglicher Grundlage.

Wenn sogenannte Kreationisten meinen, mit einer buchstäblichen Auslegung der Bibel die Naturwissenschaft als Lüge zu entlarven, so ist das für alle Glaubenden nicht hilfreich, sondern hinderlich. Andererseits ist es ebenso wenig hilfreich, wenn naturwissenschaftliche Ergebnisse als ein Beweis für bestimmte Bibelstellen herangezogen werden. Die Bibel und ihre Autoren nahmen zwar ganz selbstverständlich das zu ihrer Zeit vorhandene Wissen über die Natur auf und integrierten es in ihre Texte. Ihr Blick geht allerdings in eine ganz andere Richtung, nämlich auf Gott und die Beziehung zu ihm. Mit dem naturwissenschaftlichen Wissen ihrer Zeit nahmen die Autoren daher auch die Irrtümer ihrer Zeit auf. Und so ergeht es auch uns heute. Die Welt ist eben nicht auf Säulen gegründet, wie es im Psalm 75,4 oder in 1 Sam 2,8 heißt, und der Erdkreis ist auch keine Scheibe. Die späteren Bearbeiter der Bibel und alle Nachfolger, die die Texte immer wieder zu ihrem Gebrauch abschrieben, sahen keinen Grund, diese alten Bilder aus der Bibel zu entfernen oder geradezubiegen, denn sie verstanden den tieferen Sinn darin, der eben nicht in den Aussagen an der Oberfläche liegt, sondern eine tiefere Wahrheit vermitteln will. In den beiden genannten Schöpfungstexten geht es um das machtvolle Handeln Gottes an seiner Schöpfung und darum, dass das Böse keinen Bestand haben wird – jenseits der wahren Gestalt der Erde.

Die Naturwissenschaften haben eine andere Weise, an die Dinge heranzugehen: Man betrachtet Objekte beziehunsgweise Zusammenhänge rein sachlich und misst oder zählt sie, berechnet ihr Verhalten unter gewissen Umständen oder Gesetzmäßigkeiten. Daher wird sie von vielen Menschen als objektiv erlebt und beurteilt, da sie scheinbar keine Deutungen vornimmt beziehungsweise Dinge nicht durch eine bestimmte »Brille« betrachtet und die Vorgehensweise beliebig oft und immer in der gleichen Weise wiederholbar ist. Es werden also Zusammenhänge betrachtet, aber keine Beziehungen der Dinge untereinander. Da aber gerade Beziehungen von der Einmaligkeit und dem Miteinander von Subjekten leben, kann die Naturwissenschaft zu diesem Bereich der menschlichen Erkenntnis wenig Genaues sagen. Sie taugt deshalb nicht dazu, die Schöpfungsgeschichten zu beweisen oder zu widerlegen.

Schon Augustinus mahnt in seiner Auslegung der Genesis dazu, dass Gläubige sich nicht lächerlich machen sollten mit einer überzogen buchstäblichen Auslegung der Bibel, wie oben bereits erwähnt. Sie schadeten damit nicht nur sich selbst, sondern dem Ansehen der heiligen Schriften und ihrer Verfasser: »Nichts ist nun peinlicher, gefährlicher und am schärfsten zu verwerfen, als wenn ein Christ mit Berufung auf die christlichen Schriften zu einem Ungläubigen über diese Dinge (sc. naturwissenschaftliches Wissen) Behauptungen aufstellt, die falsch sind und, wie man sagt, den Himmel auf den Kopf stellt, so dass der andere sein Lachen kaum zurück halten kann. Dass ein solcher Ignorant Spott erntet, ist nicht das Schlimmste, sondern dass von Draußenstehenden geglaubt wird, unsere Autoren hätten so etwas gedacht.«[47]

Die Naturwissenschaft kann allerdings für den gläubigen Menschen mit ihren Ergebnissen über und Bildern der Wirklichkeit eine wesentliche Bereicherung sein. Sie kann den engen Rahmen sprengen, den manche Glaubende dem Handeln Gottes setzen. Naturwissenschaft lässt Gott größer sein, als manche es glauben können. Deshalb sind beide, der Glaube und die Wissenschaft, Möglichkeiten menschlicher Erkenntnis, die uns helfen, in unserer Welt ganzheitlich zu leben.

Weder zur Evolutionstheorie noch zum Standardmodell der Kosmologie will die Bibel sachliche Informationen liefern oder ihnen gar widersprechen. Dies sind moderne Theorien, die bei der Abfassung der Bibel weder bekannt noch relevant waren. Damit sind deren Fragestellungen und Horizonte auch gar nicht berücksichtigt worden. Es ist unsere heutige Aufgabe, den Glauben an Gott als den Schöpfer der Welt mit einer Sicht auf eine Welt zu verbinden, die über 13 Milliarden Jahre alt ist und die sich in einer unbändigen und faszinierenden Art und Weise entwickelt hat. Dabei kann gerade die Evolutionstheorie mit der *creatio continua*, einer immer weiter voranschreitenden Schöpfung und dem Vorhandensein und Wirken eines Schöpfers in ihr, vom Glauben her sehr gut miteinander in Verbindung gebracht werden. Auch der Schöpfungsakt selbst gewinnt durch die heutige Kosmologie mehr an Tiefe und Farbe für den Gläubigen, als dass er eine Gefahr darstellt. Gerade die naturwissenschaftlichen Erkenntnisse lehren uns, dass wir vom Handeln und den Möglichkeiten Gottes gar nicht groß genug denken können. Oft sind unsere allzu menschlichen Bilder von Gott viel zu klein, und die Naturwissenschaften und ihre Erkenntnisse zwingen mich beinahe dazu, sie immer wieder gehen zu lassen und je größere Vorstellungen von Gott zu akzeptieren und zu glauben.

Allerdings werden naturwissenschaftliche Theorien in manchen Fällen auch gegen die Überzeugungen aus dem Glauben missbraucht. In Bezug auf die Evolutionstheorie geschieht dies immer wieder in Richtung von Rassentheorien, Zuchttheorien für bessere Menschen oder soziale Ausgrenzung (Sozialdarwinismus). Mit diesen Theorien versucht man, eine naturwissenschaftliche Erkenntnis in den gesellschaftlichen Bereich zu übertragen: aus vorgeblich wissenschaftlichen Forschungsergebnissen wird eine Abwertung bestimmter Menschengruppen abgeleitet. Dazu taugt aber die Naturwissenschaft nicht, denn sie kann zu ethischen Fragen keinen Beitrag leisten. Hier wird die Evolutionstheorie im weitesten Sinn viel mehr dazu missbraucht, die unmoralische Behandlung von Menschen mit der Naturwissenschaft zu rechtfertigen.

Zudem wird die Evolutionstheorie immer wieder herangezogen, um zu beweisen, dass Gott nicht existiert, weil in dieser Theorie eben kein Platz ist für einen Schöpfer, der zu Beginn der Geschichte steht, und er somit als widerlegt gilt. Um die eigene Meinung in einem besseren Licht darzustellen, werden dabei einseitig verkürzte Sichtweisen von Gläubigen plakativ aufgenommen. In einem Schwarz-Weiß-Verfahren wird die Gegenseite schnell widerlegt und die eigene Sicht als die anscheinend allein gültige bewiesen. Häufig sind Menschen, die die Evolutionstheorie in dieser Weise gebrauchen, auch gar nicht daran interessiert, sich mit der Sicht- und Denkweise der Bibel auseinanderzusetzen, und wollen nicht verstehen, dass sich die Aussagen der Bibel und die der Evolutionstheorie nicht widersprechen, weil sie auf zwei verschiedenen Ebenen Aussagen treffen. Es geht eher darum, Gläubige zu diffamieren beziehungsweise deren Verblendung durch den Glauben zu beweisen. Die Art, in der der Glaube abgelehnt wird, nimmt bei solchen Menschen dabei manchmal Züge an, die auf ihre Weise fundamentalistisch-religiös zu nennen sind, weil sie ihr Leben an dieser Art der Ablehnung festmachen, alle anderen Sichtweisen ausblenden und für falsch erklären. Sie können nicht mehr wahrnehmen, welche Bereicherung die Religion für viele Menschen im Blick auf unsere Welt darstellen kann. Sie wird negiert und gar als Virus bezeichnet, von dem die Menschheit kuriert werden muss.

Fundamentalismus schadet sowohl der Naturwissenschaft als auch dem Glauben. Beide Sichtweisen, die der Naturwissenschaft und die des Glaubens, gehören zu unserem alltäglichen Leben dazu. Fundamentalismus verhindert jedoch eine ganzheitliche Sicht auf die Wahrheit und lässt die Menschen eindimensional durch einen Tunnel blicken. Die Weite, Tiefe und die Farbigkeit unserer Wirklichkeit geht dabei verloren und führt auf der anderen Seite dazu, dass genau diese Vielfalt nicht nur gefährdet, sondern im Erfolgsfall sogar ausgerottet wird.

5

Astronomie und Glaube:
Beide brauchen einander

Grenzen der Astronomie

Die Astronomie und mit ihr auch jede Naturwissenschaft beginnt mit dem Beobachten, Messen und Analysieren der Zustände und des Verhaltens der Natur. Ihre Methodik muss so objektiv wie möglich vorgehen. Beziehungen oder persönliche Neigungen spielen beziehungsweise dürfen dabei keine Rolle spielen und müssen generell außen vor bleiben. Die Ergebnisse der Versuche müssen reproduzierbar und unabhängig von der Person des Forschers sein. Das Ziel jeder Versuchsreihe ist es, Regelmäßigkeiten zu erkennen, um die Vorgänge in der Natur berechenbar und gegebenenfalls für den Menschen nutzbar zu machen. Die abgeleiteten Regeln und Gesetze müssen überprüfbar sein.

Das klingt zunächst so, als ob die Naturwissenschaften sich selbst beweisen könnten. Bei genauerem Nachdenken trifft dies aber nicht zu. Solange ein Naturgesetz sich nicht als falsch herausstellt, gilt es als richtig. Das bedeutet aber im Umkehrschluss, dass kein naturwissenschaftliches

Gesetz für alle Zeit als bewiesen gelten kann. Naturgesetze können nicht für alle Zeiten und Situationen sicher bewiesen, sondern nur sicher durch Gegenbeweise oder Ausnahmen, bei denen die Naturgesetze nicht gelten, »falsifiziert«, also widerlegt werden.

Hinzu kommt noch ein weiteres, fundamentales Zutrauen, ohne das die naturwissenschaftliche Arbeit nicht auskommt – auch nicht in der Astronomie. Albert Einstein wird oft mit dem Satz zitiert: »The most incomprehensible thing about the universe is that it is comprehensible.«[48] Dieser Satz stammt aus einem Artikel Einsteins mit dem Titel »Physik und Realität« aus dem Jahr 1936, in dem er die erstaunliche Tatsache beschreibt, dass wir Menschen aus erfahrbaren Sinneserlebnissen heraus allgemeine Begriffe bilden und sogar Beziehungen unter diesen ableiten können.[49]

Im Rückgriff auf Immanuel Kant ist für ihn die Verknüpfung von Sinneseindrücken und die Ableitung allgemeiner Begriffe »nur intuitiv erfassbar und wissenschaftlich logischer Fixierung unzugänglich«[50]. Damit ist eine der wichtigsten Grundlagen jeglicher Naturwissenschaft ihr selbst entzogen. Im Besonderen gefragt: Warum funktioniert Astronomie eigentlich? Es ist eine Setzung und eine häufig gemachte Erfahrung, dass wir unseren Messungen und den daraus abgeleiteten Begriffen und Gesetzen trauen können. Die Naturwissenschaft kann sich als auf der Erfahrung gründendes und daraus abgeleitetes logisches System nicht aus sich selbst beweisen. Es braucht das Vertrauen in die stimmige Verbindung von Praxis und den daraus abgeleiteten Theorien.

Es ist wahrhaftig staunenswert und immer wieder mit Verwunderung festzustellen, dass es uns Menschen gelingt, aus den Sinneseindrücken des uns umgebenden Universums, aus unseren Beobachtungen und konkreten Messungen abstrakte Begrifflichkeiten und mathematische Beziehungen abzuleiten. So ist es möglich, nicht nur die Vergangenheit zu berechnen, sondern auch, unter bestimmten vorgegebenen Startbedingungen die Zukunft vorauszubestimmen. Das ist ein ganz wesentlicher Grund für den Siegeszug der Naturwissenschaften in den letzten Jahrhunderten. Es ist aber auch die Basis für den versteckten Glauben an die Allmacht naturwissenschaftlicher Methoden und ihrer zukünftigen Lösungen. Ein überzogener Glaube an die Wissenschaften als allein seligmachende Methode ist nichts anderes als eine Pseudoreligion.

Für mich persönlich war es ein sehr eindrückliches Erleben, als ich Anfang der 80er-Jahre mein erstes Computerprogramm zur Berechnung von Planetenpositionen geschrieben hatte und ich die Ergebnisse anhand meiner Beobachtungen überprüfen konnte. Nach einer nicht unerheblichen Zeit der Umsetzung mathematischer Formeln in einzelne Programmschritte, der Bestimmung von Bahnelementen aus der Literatur und das fehlerfreie Eingeben dieser Daten, gab mein Programm die Standorte der Planeten zu einem bestimmten Zeitpunkt innerhalb weniger Sekunden aus. Das Faszinierende für mich war, dass sich ein realer Himmelskörper wie Jupiter nicht nur scheinbar, sondern auch tatsächlich an meine Berechnungen hielt! Er war an der Stelle des Himmels zu finden, die mit den errechneten Koordinaten übereinstimmte. Wie war das eigentlich möglich? Ich staunte und tu es noch immer: Ich kleiner Mensch hier auf der Erde bin imstande, das Verhalten eines riesigen Gasplaneten im Weltall zu berechnen!

Zum Staunen über die Natur trat für mich ein zweiter wichtiger Aspekt: Auf der einen Seite erweiterte die Astronomie meine Erfahrung in den Bereich des Logischen, Erkennbaren, in abstrakte Begriffe hinein. Hinzu kam die Schönheit der Natur, das Zusammenspiel ihrer einzelnen Teile und Bereiche, ihre Größe und Vielfalt. Wohin ich auch blicke am Sternenhimmel – ich komme mit den Wahrnehmungen meiner wachen Sinne gar nicht aus dem Staunen heraus! Die Natur erlebe ich als etwas Wunderbares, Faszinierendes und auch Geheimnisvolles.

Damit ist die mich umgebende Natur und vor allem alles Lebendige in meiner persönlichen Beziehung zu beidem weitaus mehr als das Berechenbare. Nur mühsam verstehen wir als gesamte Menschheit, dass wir Verantwortung für unsere Erde und Mitwelt tragen, weil wir eben nur ein Teil von ihr sind und über sie nicht frei verfügen dürfen. Das ist jedoch eine Tatsache, die uns die Naturwissenschaft aus sich heraus nicht lehren kann. Denn sie nimmt keine Wertungen vor und macht vor allem keine Aussagen über den Sinn und den sich daraus ergebenden Umgang mit der Schöpfung. Die Naturwissenschaften können uns sagen, dass wir Menschen auf der Nordhalbkugel derzeit mit unserer Erde so umgehen, als hätten wir noch drei oder gar vier Planeten in Reserve im Kofferraum liegen. Aber das ethische Urteil und was das für unser Handeln heißt, müssen wir uns selbst bilden beziehungsweise dazu anderes Wissen, andere Ideen als rein naturwissenschaftliches Erkennen zu Rate ziehen. Hier stoßen wir an die klaren Grenzen naturwissenschaftlicher Methodik. Wir Menschen sind jedoch auf einen weitaus größeren Zusammenhang verwiesen, den uns vor allem der Glaube schenken kann.

Grenzen des Glaubens

Die Astronomie offenbart viel über den Kosmos und wie er beschaffen ist, wie er sich in der Zeit verändert hat und was seine Zukunft ist. Die Naturwissenschaften zeigen die der Natur innewohnende Ordnung im Universum. Darüber hinaus kann uns als Menschen die ganze Schönheit der Schöpfung aufgehen, wie wir sie unmittelbar in einer wunderbaren Sternennacht erleben oder auf mit speziellen Techniken aufbereiteten Aufnahmen des Sternenhimmels betrachten können.

Hier entsteht eine mögliche Brücke zwischen einer objektiv betriebenen, naturwissenschaftlichen Astronomie und dem Glauben an einen Schöpfer, in dem wir Gott erkennen. Es sind die uralten Fragen nach unserer Welt und uns selbst, die uns in solchen Augenblicken in den Sinn kommen und die sich den Menschen seit Anbeginn ihrer Existenz stellen: Wer oder was macht die Welt, wie sie ist? Warum ist etwas und nicht nichts? Was oder wer stand am Beginn des Urknalls? Was war davor? All das sind keine naturwissenschaftlichen Fragestellungen, sondern eher Fragen nach dem Sinn und Ziel menschlichen Lebens, die uns unmittelbar angehen. Wir können sie ausblenden oder verdrängen, und doch kommen sie uns unablässig wieder in den Sinn, spätestens in Krisensituationen, angesichts von Krankheit und Tod und Endlichkeit.

Doch die Naturwissenschaften stellen meinen Glauben auch infrage: Wenn die Schöpfung eine »Tat«-sache Gottes ist, was sagt die Biologie dann über den Schöpfer aus, wenn sie uns von der Evolution des Lebens berichtet? Es braucht eine Antwort, die so direkt in der Bibel nicht zu finden ist und darin auch nicht zu finden sein kann. Nach Karl Rahner hat Gott seiner Schöpfung die Möglichkeit zur Selbstranszendenz (Selbstentwicklung, Selbstübersteigung) mit in die Wiege gelegt. Das heißt: Nicht nur der Schöpfer ist kreativ und schafft Neues, er hat vielmehr auch seiner Schöpfung diese Fähigkeit mitgegeben.[51] So kann eine naturwissenschaftliche Theorie über den sich selbst entwickelnden Kosmos nicht nur in den Glauben integriert werden, sondern ihn sogar wesentlich vertiefen.

Laut Albert Einstein ist, wie wir oben schon gesehen haben, »das ewig Unbegreifliche an der Welt (…) ihre Begreiflichkeit«. Nikolaus von Kues hat in einem Kommentar zu den Schriften von Albertus Magnus eine in diesem Zusammenhang sehr bemerkenswerte Randbemerkung gemacht: »Nichts im unbegreifbaren Gott kann begriffen werden als seine Unbegreiflichkeit.«[52] Bei Gott ist gerade seine Unbegreiflichkeit das Einzige, was von uns Menschen verstanden werden kann. Es sind die Gegensätze Gottes, die wir Menschen nicht begreifen können, die aber gerade in ihm als eine Einheit zusammengehören.

Nikolaus von Kues war ein rational und mathematisch denkender Mensch. Aus philosophisch-theologischen Überlegungen heraus und ohne es naturwissenschaftlich zu belegen, stand für ihn die Erde nicht im Mittelpunkt des Kosmos. Sie bewegte sich annähernd auf einer Kreisbahn um die Sonne – und das hundert Jahre, bevor Kopernikus diese Idee entwickelte! Für Kues war die Sonne selbst ein Stern wie die vielen anderen, die am Himmel zu sehen waren. Sie standen jedoch alle in Beziehung zueinander, da der Kosmos eine geordnete Einheit bildete. Das Universum war seiner Ansicht nach ohne Grenzen und unendlich in seiner Ausdehnung. Widersprüche gehörten für den großen Philosophen und Theologen zusammen und nur in Gott fanden sie ihre Einheit, was wir Menschen jedoch grundsätzlich nicht begreifen können. Mit seinem Glauben und mithilfe seines scharfen Verstandes konnte er in die »Dunkelheit der Transzendenz« eintreten und die Spannung aushalten, dass der begreifbare Kosmos und der unbegreifliche Gottes zusammengehören.[53] Rein naturwissenschaftlicher Betrachtung ist dieser Teil des Glaubens nicht zugänglich.

Das Wortspiel des Nikolaus von Kues mit der Unbegreiflichkeit Gottes ist wie ein Spiegelbild zu Einsteins Satz über die Begreiflichkeit des Kosmos.

Damit klingt die tiefe Verschiedenheit von Glaube und Naturwissenschaft an: Dem Glauben geht es um ein Geheimnis, das nicht aufgelöst, sondern nur immer tiefer erlebt und erfahren werden kann. Es geht um eine immer tiefere Beziehung, die sich nicht in ihre Bestandteile zerlegen lässt. In der Astronomie dagegen geht es darum, Rätsel zu lösen und Wissen anzusammeln, Konstanten zu messen und Ergebnisse zu berechnen. Eine lebendige Beziehung aber braucht und will genau das Gegenteil: Wenn sie in ihre Einzelteile zerlegt, berechnet und erklärt wird und als objektives Ergebnis vorliegt, dann ist sie tot und existiert nicht mehr.

In einem weiteren Schritt kann mich die Astronomie lehren, dass wir mit den Urchristen gar nicht kosmologisch, gar nicht »katholisch« (*katholikos*: das Ganze betreffend) genug denken und glauben können, um die Größe Gottes auch nur zu erahnen. Denn sie kann mich durchaus das Fürchten lehren! Dieser Schöpfergott, der das All umfängt – mehr als 50 Milliarden Lichtjahre groß (aus physikalischen Gründen ist das von uns beobachtbare Universum »nur« 13 Milliarden Lichtjahre groß) –, wie unendlich gewaltig muss er sein! Das ist kein Gott, der eben mal bequem in die Westentasche passt und meinen allzu menschlichen Vorstellungen entspricht und den ich mit meinen Gebeten manipulieren könnte. Und er ist noch größer, denn gleichzeitig hat er sich uns in der

Bibel als der Nahbare, Erfahrbare zu erkennen gegeben. In der Menschwerdung, in Jesus Christus zeigt er uns sein Angesicht und somit, dass er nicht nur im ganz Großen der Schöpfung zu Hause ist, sondern gerade auch im ganz Kleinen und im Kleinsten anwesend ist.

Der Kolosserbrief fasst dies in wenigen Versen auf Jesus Christus hin zusammen: »Er ist das Bild des unsichtbaren Gottes, der Erstgeborene der ganzen Schöpfung. Denn in ihm wurde alles erschaffen im Himmel und auf Erden – alles ist durch ihn und auf ihn hin geschaffen« (Kol 1,15ff).[54] Der Kolosserbrief sagt uns damit, Jesus ist das innerste Zentrum und der Urgrund aller Schöpfung. Der Dreh- und Angelpunkt christlicher Schöpfungstheologie ist der dreieinige Gott: Vater, Sohn und Heiliger Geist sind die Urheber der Schöpfung. In Jesus Christus ist Gott Mensch geworden, er wird ganz klein, ein Kind und ein sterblicher Mensch. Damit zeigt uns Gott, wie sehr er seine Schöpfung liebt, dass er bei ihr ist und sie nicht verlässt – auch in der größten Gottverlassenheit, wie sie Jesus selbst am Kreuz erfahren hat. Das Ziel der Schöpfung von der Bibel her ist ihr Ausgangspunkt: die Liebe Gottes selbst.

6

Anfang und Zukunft

Sowohl in Bezug auf den Anfang der Schöpfung als auch bei der Betrachtung ihrer Zukunft berühren sich Astronomie und Glaube. Stephen Hawking postuliert zu Beginn seines Buches »Der große Entwurf« herausfordernd, dass heute nur die Physik imstande sei, die Fragen zu lösen, die seit Tausenden von Jahren von der Philosophie (und Theologie) nicht beantwortet werden konnten.[55] Meiner Meinung nach kann er allerdings sein Versprechen nicht einhalten, die Philosophie durch Mathematik und Physik zu ersetzen. Naturwissenschaftliche Gesetze begründen aus sich heraus noch keinen Anfang des Universums. Sie sind Teil des Kosmos, den wir beobachten können. Sie beschreiben Vorgänge, die darin stattfinden. Das ist alles, was Physik und Astronomie können, und das ist eine ganze Menge!

Umgekehrt kann der Glaubende mit der Bibel in der Hand dem Astronomen nicht vorschreiben, wie und was alles im Universum sein darf. Wenn Berechnungen von Kreationisten besagen, dass die Erde nicht älter als 10 000 Jahre sein kann, dann ist das schlichtweg Unfug und macht den Glauben bestenfalls lächerlich. Wir müssen darauf achten, dass weder die Astronomie noch der Glaube den jeweils anderen mit seinen Methoden bestimmt. Nur in einem Dialog, in dem der eine dem anderen zuhört, wird der Mensch von beiden Seiten etwas lernen, was ihm der einzelne Bereich alleine nicht vermitteln kann.

Der Anfang und das Ziel der Schöpfung ist vom Glauben her eine ganz andere Fragestellung, als nach dem Beginn und der Zukunft des Universums von der Astronomie her zu fragen. Sie berühren auf ganz verschiedenen Ebenen die urmenschlichen Fragen, woher wir kommen und wohin wir gehen. Der Glaube wird diese Frage auf Gott hin, seine Rolle und sein Handeln in der Beziehung zum Menschen und zu der ganzen Schöpfung stellen. Die Astronomie fragt nach den Bedingungen und Gesetzen, wie sich der beobachtbare Kosmos in der Zeit entwickelt hat und wie sich seine Beschaffenheit in ihr verändert. Über das »Davor« und »Danach« oder gar »Außerhalb« kann sie keine vernünftigen Aussagen machen, da sie naturwissenschaftlich schlichtweg nicht überprüfbar sind.

Meiner Ansicht nach muss sich manche Glaubenslehre über das Ende der Welt vom derzeitigen Wissensstand der Astronomie nach ihrer Gestalt befragen lassen, das heißt: Müssen wir nicht aufgrund der naturwissenschaftlichen Forschungen die äußere Gestalt der apokalyptischen Bilder für heute durch andere ersetzen? Meines Erachtens steht das noch aus. In der Bibel sind es die Bilder von Erdbeben, Vulkanausbrüchen, Finsternissen und Meteorstürmen, die die Szenerie beherrschen. Das sind auch heute noch ausdrucksstarke Bilder und in den einschlägigen Science-Fiction-Filmen spielen sie eine große Rolle. Insofern sind es urmenschliche Bilder, die nicht einfach über Bord geworfen werden können. Bei einem naturwissenschaftlich geprägten Weltbild beschreiben sie jedoch lediglich Naturvorgänge, die bereits beobachtbar sind.

Es wäre daher wichtiger, vom Glauben her die individuelle Beziehung des einzelnen Menschen zu Gott stärker hervorzuheben. Denn für uns Menschen ist es letztlich gleich, ob wir in einer kosmischen Katastrophe oder individuell für uns alleine sterben. Darüber hinaus geht es dem Glauben ja nicht in erster Linie um ein mögliches schreckliches Lebensende, sondern um die Zukunft mit Gott über den Tod hinaus. Es geht nicht nur um meine rein individuelle Rettung, sondern immer um das Leben der ganzen Schöpfung.

In der Beziehungslosigkeit zwischen uns Menschen und der Schöpfung sehe ich heute die tiefste Bedrohung und Gefahr für uns und für die Umwelt. Sie zu überwinden in der Beziehung zu Gott und zu unseren Nächsten ist unsere Aufgabe in der derzeitigen bedrohten Situation für die Mitwelt unserer Erde. Von der Astronomie haben wir gelernt, dass die Möglichkeit für Leben auf einem Planeten sicher keine Selbstverständlichkeit ist, sondern eher eine sehr geringe Wahrscheinlichkeit besitzt und damit etwas überaus Kostbares ist. Uns Menschen ist dieses Leben gerade durch die Naturwissenschaften in einer unvergleichlichen Mächtigkeit anvertraut. Wir werden unserer Verantwortung nur gerecht werden, wenn wir unser Leben mit dem Leben aller Geschöpfe auf der

Erde abstimmen und nicht einseitig nur auf unseren Vorteil bedacht sind.

Ausgangspunkt und Ziel der Schöpfung ist vom Glauben her die Liebe Gottes. In seiner kreativen Fülle hat der Schöpfer nicht nur hunderte Milliarden von Galaxien mit ihren Sternen geschaffen, sondern es auch darauf angelegt, dass es Leben geben kann in seinem Kosmos. Dort, wo das Leben entsteht, ist es wieder eine ungeheure Fülle von Kreativität, die sich unaufhaltsam Bahn bricht. Dabei ist nicht nur das Werden jedes einzelnen Lebewesens bemerkenswert, sondern auch die Beziehungsfähigkeit alles Geschaffenen. Die Naturwissenschaften und für mich speziell die Astronomie sind eine wesentliche Zugangsweise zu unserer einen Welt. Durch das Zusammenspiel beider ist uns Menschen eine Tiefe und Weite geschenkt, die nicht zu erreichen wäre, bliebe es bei der Betrachtung der Welt durch eine dieser Perspektiven. Die Zusammenschau beider hilft, Extreme zu vermeiden und ein ausgewogenes und mit Tiefenschärfe versehenes Bild von der Realität zu gewinnen.

Für mich bewegen sich Astronomie und Glaube gegenseitig: Die Astronomie wird vom Glauben angespornt, immer weiter zu sehen und die Naturgesetze zu entschlüsseln, die Gott geschaffen hat. Der Glaube wird von der Astronomie dazu herausgefordert, wirklich »katholisch«, also allumfassend zu glauben und die unfassbare Größe Gottes durch den Kosmos zu erkennen. So können beide uns immer tiefer in die Wunder der Natur und das Geheimnis Gottes einführen.

Anmerkungen

[1]   José Lull, Das altägyptische Sternbild Meschetiu, in: Sterne und Weltraum, Mai 2007, S. 46.

[2]   Ebd.

[3]   Vgl. Paul Kunitzsch, Ptolemäus und die Astronomie: der »Almagest«, in: Zeitschrift der Bayerischen Akademie der Wissenschaften, Ausgabe 03/2013, S. 18–23.

[4]   Vgl. Gottfried Strohmaier, Ptolemäus und sein Weg nach Europa, in: Sterne und Weltraum Juli 2015, S. 42–50.

[5]   Das Handeln Gottes für sein Volk wird u.a. bei Jes 13,1–14,23 beschrieben.

[6]   So heißt es in Lk 21,25–28: »erhebt eure Häupter, denn eure Erlösung ist nahe«.

[7]   Matthias Albani, Artikel »Sterne / Sternbilder / Sterndeutung«, Das wissenschaftliche Bibelportal der Deutschen Bibelgesellschaft, Permanenter Link zum Artikel: http://www.bibelwissenschaft.de/stichwort/30478/

[8]   Johannes hört in seiner letzte Vision Jesus selbst sprechen: »Ich bin (…) der strahlende Morgenstern« (Offb 22,16).

[9]   Im Folgenden zitiert nach: Benediktinisches Antiphonale, Bd. I, Vier-Türme-Verlag, Münsterschwarzach 2002.

[10]   Benediktinisches Antiphonale I, S. 480.

[11]   Die Regel des heiligen Benedikt. Deutsche Ausgabe [Gebundene Ausgabe], Salzburger Äbtekonferenz (Herausgeber), Kapitel 47,1.

[12]   Ebd., Kapitel 8, Der Gottesdienst in der Nacht.

13 Ebd., Kapitel 16, Der Gottesdienst am Tage.

14 Vgl. Rudolf Eckstein, Franziskus Büll OSB und Dieter Hörning, Die Ostung mittelalterlicher Klosterkirchen des Benediktiner- und Zisterzienserordens, in: Studien und Mitteilungen zur Geschichte des Benediktinerordens Bd. 106, Heft 1, 1995, S. 48–60.

15 Thomas von Aquin, Summa Contra Gentiles II, 3.

16 Martianus Capella, Die Hochzeit der Philologia mit Merkur. De nuptiis Philologiae et Mercurii. Königshausen & Neumann, Würzburg 2005. Vgl. dort zur Astronomie S. 271ff.

17 Vgl. Gottfried Strohmaier, Ptolemäus und sein Weg nach Europa, in: Sterne und Weltraum Juli 2015, S. 42–50.

18 Martianus Capella, Die Hochzeit der Philologia mit Merkur. De nuptiis Philologiae et Mercurii, S. 286. Königshausen & Neumann, Würzburg 2005.

19 Guy Consolmagno, Brother Astronomer, Adventures of a Vatican Scientist, Mc Graw Hill, 2000, S. 108f.

20 Aurelius Augustinus, Über den Wortlaut der Genesis, I. Band, Kapitel 19, 39. Schöningh, Paderborn, 1961, S. 32f.

21 Vgl. Christoph Däppen, Die vergessene Kalenderreform des Nikolaus von Kues, Books on Demand, 2006.

22 Vgl. Fr. Juan Casanovas, Astronomy, Calenders and Religion, S. 38-41, in: The Heavens Proclaim, Astronomy and the Vatican, edited by Guy Consolmagno SJ, Vatican Observatory, 2009.

23 Vgl. im Folgenden: Hans Schmauch, »Nikolaus Koper-
    nikus« in: Neue Deutsche Biographie 3 (1957), S. 348–
    355 [Onlinefassung abgerufen am 19.6.2016]; URL:
    http://www.deutsche-biographie.de/pnd118565273.html

24 Vgl. William Shea, Spektrum der Wissenschaft: Biogra-
    fie: Nikolaus Kopernikus, Der Begründer des modernen
    Weltbildes, Weinheim, 2003.

25 Ebd., S. 58.

26 Wie wenig diese Korrektur umgesetzt wurde, zeigte eine
    Untersuchung von Owen Gingerich: von den 400 erhal-
    tenen ursprünglichen Ausgaben von »De Revolutionibus«
    wurden nur 33 mit Zusätzen versehen. Vgl. Harry Nuss-
    baum, Revolution am Himmel, Wie die kopernikanische
    Wende die Astronomie veränderte, VDF Hochschulver-
    lag AG an der ETH Zürich, 2011, S. 176.

27 Johannes Kepler, De Jesu Christi Servatoris nostri vero
    anno natalitio, 1606.

28 Johannes Kepler, De Stella nova serpentarii, Kapitel XII.

29 Ebd., Epilog, Kapitel XXX.

30 Johannes Kepler an Herwart von Hohenburg, 26. März
    1598 in: Jürgen Hübner, Die Theologie Johannes Kep-
    lers zwischen Orthodoxie und Naturwissenschaft, J. C.
    B. Mohr (Paul Siebeck) Tübingen 1975, S. 166, 6: »Ego
    verò sic censeo, cum Astronmj, sacerdotes dej altissimj
    ex parte librj naturae astronomi simus«.

31 Johannes Kepler, Mysterium Cosmographicum, Das
    Weltgeheimnis, übersetzt und eingeleitet von Max Cas-
    par, Augsburg, 1923, S. 20.

32 Ebd., S. 47.

33 Ebd., S. 64.

34 Harry Nussbaum, Revolution am Himmel, Wie die kopernikanische Wende die Astronomie veränderte, VDF Hochschulverlag AG an der ETH Zürich, 2011, S. 127ff.

35 Kepler, Mysterium Cosmographicum, S. 164.

36 Vgl. Pierre Leich, Die Marius-Renaissance, in: Sterne und Weltraum November 2014, S. 44–53.

37 Nussbaum, Revolution am Himmel, S. 172–179.

38 Zitat aus: Ernst Peter Fischer, Gott und die anderen Großen, Wahrheit und Geheimnis in der Wissenschaft, Verlag KOMPLETT-MEDIA GmbH, 2013, München, S. 32; vgl. für das Folgende die S. 34–38.

39 Homepage der Sternwarte Kremsmünster, Aufruf am 23.6.2016: http://www.specula.at/adv/fixlm_ak.htm

40 Vgl. Ernst Peter Fischer, Gott und die anderen Großen, Wahrheit und Geheimnis in der Wissenschaft, Verlag KOMPLETT-MEDIA GmbH, 2013, München, S. 35–37.

41 George Coyne, Galileo and his times: some episodes. In: The Heavens Proclaim, Astronomy and the Vatican, edited by Guy Consolmagno SJ, Vatican Observatory, 2009, S. 44–51.

42 Vgl. Welt und Umwelt der Bibel, Die Ordung der Sterne, WUB 4/2014, S. 37.

43 Vgl. Augustinus, Aurelius: Über den Wortlaut der Genesis; Buch I bis VI. Schöningh, Paderborn 1961. Zweites Buch, Siebzehntes Kapitel, S. 69ff.

44 Dorothea Weltecke, Die Konjunktion der Planeten im September 1186, Zum Ursprung einer globalen Katastrophenangst. In: Saeculum, Jahrbuch für Universalgeschichte 54 (2003), 2. S. 197.

45 Hubert Reeves, Joel de Rosnay, Yves Coppens: Die schönste Geschichte der Welt, Bastei Lübbe, 2000.

46 Vgl. hierzu: Welt und Unwelt der Bibel: Bibel kontra Naturwissenschaft? Die Schöpfung. Heft 2/2016.

47 Augustinus, Aurelius: Über den Wortlaut der Genesis; Buch I bis VI. Schöningh, Paderborn 1961. Buch I, Neunzehntes Kapitel, S.33.

48 Ein Beispiel aus der Literatur: Ilia Delio, The Emergent Christ, Exploring the Meaning of Catholic in an Evolutionary Universe, Orbis Books, Maryknoll, New York, 42012.

49 Vgl. Journal of The Franklin Institute, Vol. 221, March, 1936, No.3, S. 313–339. Der Ursprung des englischen Zitates in Deutsch ist wohl auf S. 315 zu finden: »Das ewig Unbegreifliche an der Welt ist ihre Begreiflichkeit«.

50 Ebd., S. 316.

51 Vgl. Karl Rahner, Die Christologie innerhalb einer evolutiven Weltanschauung. In: Sämtliche Werke. Bd. 26. Grundkurs des Glaubens. Freiburg-Basel-Wien 1999, 174–196.

52 Nikolaus von Kues zitiert in: Ingrid Craemer-Ruegenberg, Albertus Magnus, Reihe Dominikanische Quellen 7, St. Benno Verlag, Leipzig 2005, S. 182: »Nihil in Deo incomprehensibili potest comprehendi nisi incomprehensibilitas.«

[53] Ebd., vgl. S. 183.

[54] Benediktinisches Antiphonale I, S. 600f.

[55] Vgl. Stephen Hawking & Leonard Mlodinow, Der Große Entwurf, Eine neue Erklärung des Universums, Rohwolt Taschenbuch, 22013, S. 11ff.